청소년을 위한

과학사 명장면

청소년을 위한

과학사 명장면

김연희 지음

열린어린이

들어가는 말

인류의 역사는 자연에 대한 이해의 역사입니다. 과학이 발달하고 자연 현상을 다루는 전문가가 있는 지금도 우리는 지진, 해일, 태풍, 쓰나미, 가뭄, 홍수, 산사태 등의 자연재해 앞에서 두려움을 느낍니다. 최근에 일어났던 인도네시아와 일본, 멕시코의 지진만 보더라도 많은 사람들이 목숨을 잃고, 집과 건물이 산산이 부서졌지요. 우리는 망연자실해 아무런 일도 하지 못한 채 이 안타까운 광경을 마주해야 했습니다. 자연재해가 우리 삶과 동떨어져 있지 않다는 사실에, 우리가 자연재해로부터 안전하지 않다는 사실에 놀라지 않을 수 없습니다. 예측이 어긋날수록 공포는 아마 더 커질 터입니다.

하지만 아주 먼 옛날 인류가 나무에서 내려와 땅 위의 위험에 직면하였을 때, 그들의 두려움을 생각해 보면 그리 크지도 않을 겁니다. 숲의 안팎에는 연약하기 이를 데 없는 인간을 위협하는 많은 것들이 있었겠지요. 그렇다고 이런 위협을 피해 다시 나무 위로 올라갈 수 없었습니다. 나무 위도 이미 포화 상태였습니다. 그래서 인간은 더욱 자연의 질서를 세밀하게 그리고 유심히 관찰했을 것입니다.

사나운 짐승들의 공격을 막아 내고 나아가 어지럽고 혼란스러운 자연에 질서를 부여하는 것, 이것이 바로 인간이 땅 위에서 살아남을 수 있었던 핵심이었습니다. 혼란의 공간을 질서의 공간으로 바꾸고 비교적 안전하게 살게 되면서 인간은 세력을 크게 확장했습니다. 나무 위에서 살았을 때와는 비교도 안 될 정도로 풍요로워졌고 마침내 자연을 지배한다는 자신감까지 갖게 되었습니다.

물론 자연에 질서를 부여하는 일은 단순히 관찰하여 순환하는 순서만을 파악한다는 것을 의미하지 않았습니다. 특히 질서 부여를 위한 기준은 사회를 풍미했던 사상이나, 지배 질서와의 교감에 의해 만들어지기도 했지요. 하지만 이런 기준이 그르다고만 이야기할 수는 없습니다. 이 기준들은 사회와 역사와 지배 체제들이 함께 구성해 만든 것이기 때문입니다. 그리고 당시 지적, 사회적 수준을 포함한 문명은 그 정도의 기준으로 자연을 설명해도 두려움을 이겨 내는 데에 아무런 문제가 없었지요. 자연에 대한 기준들,

혹은 이론, 더 현대적으로 말하면 '과학'은 그때에도 제대로 운영되었다고 할 수 있습니다. 당시 이런 기준들은 음악과 미술을 포함한 예술과 사상, 문학과 건축에도 영향을 미쳤습니다. 자연에 부여된 질서가 시대 문명과 함께했지요.

인간이 자연을 관찰하고 교감하여 부여한 질서, 이해하고 설명한 방식 등은 시대마다, 혹은 사회마다 다를 수밖에 없었습니다. 물론 현대처럼 서양의 과학이 전 세계의 지식 사회를 장악하고 지배하게 된 상황에서는 별로 크게 공감이 되지 않겠지요. 하지만 수학적이고 실험적인 과학이 등장해 자연을 이해하는 이론 체계로 확립된 것이 빨리 잡아야 18세기의 일임을 감안하면, 이는 인류의 전 역사에서 보면 아주 최근의 일이라고 할 수 있습니다. 인류의 전 역사를 24시간으로 비유하자면, 이런 과학을 통해 자연을 보기 시작한 것은 아주 많이 쳐서 23시 50분 즈음에 이르러서야 일어난 매우 별난 일이라 할 수 있으니까요.

이 책은 인간이 자연의 움직임에 질서를 부여했던 순간들의 이야기를 중심으로 삼아 꾸몄습니다. 사회에 새로운 움직임이 일어나면 그로 인해 자연의 질서를 재조정해야 할 필요성도 생기는데, 그런 시기들의 과학도 이야기합니다. 이전까지는 아무런 문제없이 여겨지던 자연에 대한 이해 방식 및 설명 방식이 더 이상 작동되지 않아 자연이 혼란스럽다고 느끼는 시기를 맞닥뜨리면서 인류가 혼란을 극복하는 방식, 설명 방식을 재구성하는 과정도 포함합니다. 그리고 자연에서 인간의 지위가 오르면서 자연을 재배치하기도 했는데, 그 과정도 살폈습니다. 이 책에서 제시된 과학의 명장면들은 인류가 자연에 새로운 질서를 부여함으로써 자연의 공포와 위협을 제거한 사건들을 엮어 구성한 것입니다.

저는 과학의 발전을 당연하다고 보지 않습니다. 그리고 지금의 이론과 비슷한 이론이 오래 전에 있었다고 해서 굉장하다고 생각지 않습니다. 그리고 이를 무시한다고 해서 그 시대 사람들을 미련하다고 보지 않습니다. 또 자연을 설명하는 이론이 수학적으로 옳을지라도 발표되자마자 환호성 속에서 수용되었다고 여기지 않습니다. 과학이 사람 사는 세상에서 이루어지는 작업이라고 생각하기 때문입니다. 실망스러울 수도 있고, 말도 안 되는 일이 벌어질 수도 있는 곳이 바로 사람 사는 세상이니까요. 그리고 사람들은 낯선 것에 무조건 환호를 보내지 않습니다. 오히려 경계를 하는 편이지요. 그럼에도 오래 전부터 사람들은 혼란스러워 보이는 자연에 질서를 부여하고, 두려운 자연의 현상을 설명하며 예측했고, 그 결과 지속적으로 생존해 왔다고 믿습니다. 자연이 주는 위협으로부터 벗어난다는 인류 공통의 목적은 결국 사회로부터 벗어날 수 없지요.

상호 이해하고 합의하거나 시간이 걸려도 수용하려 노력하는 이성의 흔적이 바로 과학의 역사이자 인간의 역사라고 생각합니다. 물론 언제나 '이성'에 기반하는 것은 아니었지만 말입니다.

차례

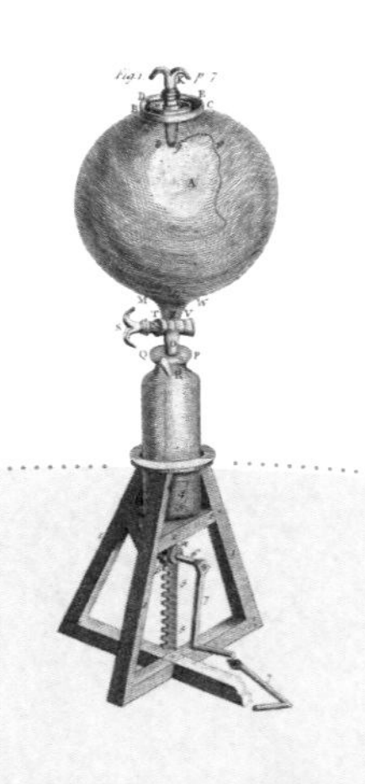

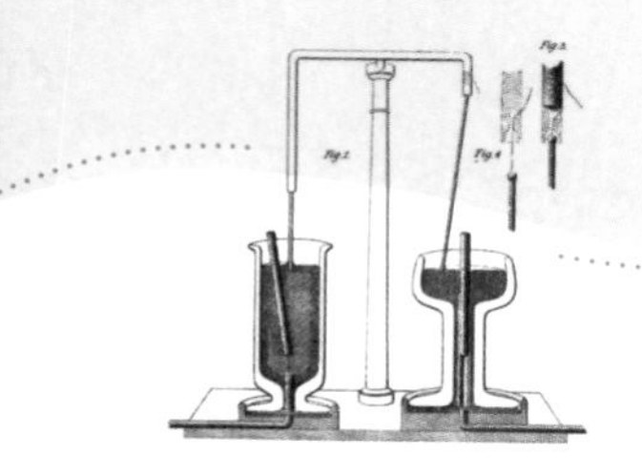
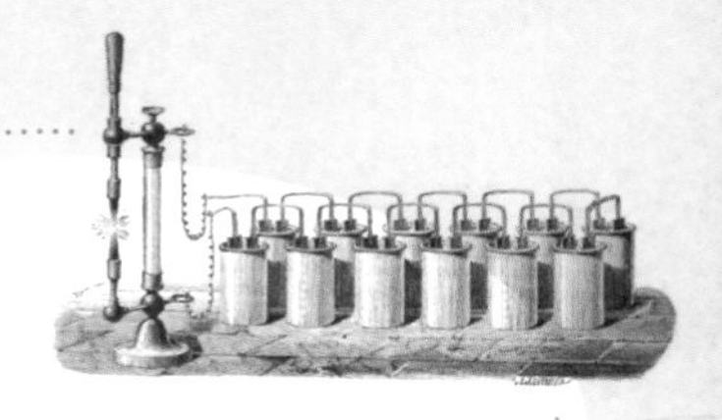

달력, 자연에 질서를 부여하다

시간의 기록, 달력

생활 속에서 흔히 보는 달력은 날짜와 요일을 알려 주는 유용한 물건이다. 혹시 이 달력이 과학의 산물이라는 생각을 해 본 적이 있는가? 거의 없을 것이다. '숫자가 적힌 달력에 무슨 과학'이라는 생각이 들 수 있지만, 달력은 무질서한 자연을 이해하여 질서를 부여한 과학적 탐구의 대단한 결과물이다.

달력은 1년을 단위로 시간 흐름을 알려 준다. 날짜에 따라 1년을 달, 요일로 분류하고, 24절기와 행사 등을 기록하고 있다. 요즘은 달력을 벽에 걸어 두는 일이 많지 않다. 하지만 한때는 집집마다, 방방마다 달력이 걸려 있었고, 연말마다 새 달력을 구하려 애를 썼다. 지금은 휴대폰 덕분에 몇 번의 손가락 터치로 언제든지 시간과 날짜의 흐름을 확인할 수 있다. 지난날 벽에 걸린 달력보다 내 손안의 달력이 훨씬 더 큰 역할을 담당하고 있다.

인류는 언제부터 달력을 사용했을까? 인류 역사 전체를 놓고 보면 그리 오래된 일은 아니다. 인류가 달력을 사용했다는 것은 인간이 자연 흐름 속 규칙성을 깨닫고 이를 기록할 정도로 집요하게 자연을 관찰했다는 것을 의미한다. 그리고 관찰한 내용을 기록하면서 자연의 변화를 예측하기에 이르렀음을 뜻했다. 이를 통해 인간은 자연 앞에서 두려워 움츠리는 소극적인 생활이 아니라 보다 적극적이고 능동적으로 자연을 마주하는 일이 가능해졌다.

물론 자연의 변화 관찰은 뚜렷하게 보이는 해와 달의 움직임을 아는 것부터 시작했다. 이를 바탕으로 더워지고 추워지는 계절의 변화에 대한 정보도 필요했다.

더 많이 자세한 정보들을 모아 시간의 흐름을 기록하기 시작했을 것이다.

시간 흐름을 알아채다

달력이 없던 때라 해도 사람들은 시간의 흐름을 모르지는 않았을 것이다. 아이가 태어나 자라고 늙어 가고 죽는, 아주 평범한 자연의 규칙이 늘 사람들 곁에 있었으니 말이다. 무리를 이끄는 우두머리 대부분을 치아의 개수로 정했던 사실을 보면, 시간의 흐름이 인간에게 미치는 영향을 알고 있었던 것으로 보인다. 해가 뜨고 지는 변화가 인간 변화와 관련이 있음도 깨닫고 있었을 것이다.

첫 인류가 활동한 지역은 대부분 따뜻하고 기온 변화의 폭이 크지 않은 곳이었다. 따라서 변화의 규칙성에 관련된 정보가 그다지 많이 필요하지는 않았다. 기온 변화가 적은 곳에 사는 인류는 살아남는 데 필요한 식량을 얻기 위해 낚시하고, 사냥하면서 열매와 푸성귀를 따며 살았다. 그 일을 해가 뜨면 시작해, 해가 지면 어둠 너머에 도사리는 위험을 피하기 위해 무리를 지어 안전한 곳으로 들어갔다. 이들의 생활 목표는 살아남기였다. 따뜻하고 먹을거리가 많은 곳에서는 뜨고 지는 태양의 규칙성이 지표였다. 이런 곳에서 1년의 변화나 계절이라는 긴 시간의 흐름을 알아챌 필요는 없었다.

하지만 점차 생존을 위해서는 짧은 단위의 시간 변화뿐만 아니라 긴 단위의 변화도 알아채야 했고, 주기성도 인식해야 했다.

뜨고 지는 해 다음으로, 긴 시간 변화의 규칙성을 알려 주는 대표적인 것은 달이다. 보름달은 기울었다 다시 차오른다. 인류가 언제부터 달의 변화를 중요하게 여겼는지 정확히 알 수는 없다.

하지만 선사 시대에 이미 달의 변화에 주목했던 흔적을 찾을 수 있다. 밤에 달만큼 뚜렷한 변화를 보여 주는 것은 없기 때문이다.

해와 달의 변화 기록, 달력의 시작

해와 달은 사람들 눈에 가장 확연하게 드러나는 자연물이다. 그래서 해와 달은 시간 흐름을 보여 주는 중요한 지표가 되었다. 해가 같은 자리로 돌아오는 것이 1태양년인데, 1태양년은 365.2422일이다. 달이 같은 자리로 돌아오는 것은 1태음년으로, 1태음년은 354.3671일이다. 인간이 변화무쌍하고 두려운 자연에 깃들어 살아남기 위해 애썼던 아주 먼 옛날 선사 시대에는 1태양년과 1태음년의 길이를 지금처럼 정확하게는 알지 못했을 것이다. 인간의 역사가 지속되면서 태양년과 태음년이 열흘 넘게 차이가 난다는 것을 알게 되었다.

태양년과 태음년의 차이를 알게 되었다는 것은 인류가 한 군데 정착하고 수렵·채취·어로라는 원시적 생산 형태에서 발전해

선사 시대에 이미 달의 변화에 주목했던 흔적을 찾을 수 있다. 밤에 달만큼 뚜렷한 변화를 보여 주는 것은 없기 때문이다.

농업 사회로 발전했음을 의미했다. 메소포타미아가 됐든 티그리스, 혹은 황하, 나일 강변이 되었든 간에 사람들이 한곳에 머물러 농사를 지으며 문명을 이루게 되는 시대로 들어서게 된 것이다.

이 시기에 이른 사람들은 삶에 큰 영향을 주는 태양과 달의 운동을 좀 더 깊게 이해하는 작업을 진행했다. 해와 달의 변화를 예측하려 했다. 그 흔적들이 남아 있는데 특히, 그 기록으로 꼽을 수 있는 것이 바로 달력이다. 달력이 언제부터 사용되었는지는 정확히 알 수 없지만, 인류 문명의 발상지인 티그리스강과 유프라테스강 지역, 바빌로니아—현대 중동아시아 지역—에서 비교적 체계를 갖춘 달력을 사용했다는 것은 알려져 있다.

바빌로니아 지역 사람들은 이 태양년과 태음년의 차이, 약 열흘의 차이를 해소하는 방법을 고민했다. 19년을 기준으로 12달로 만들어지는 평년과 13달로 이루어지는 윤년을 두었다. 그리고 날짜를 세는 단위를 만들며, 한 달보다 적은 일주일을 두었고, 그 일주일을 7일로 구성했다. 이를 바탕으로 태양과 달의 움직임에 따른 합리적인 달력을 만들 수 있었다. 달의 한 순환 주기인 29.5일의 태음력과 365일이 약간 넘는 태양력을 맞추기 위해 3년마다 한 달을 더하는, 즉 13월을 추가하는 방식을 택했다. 그리고 윤년이 드는 해와 관련한 법칙을 만들어 앞으로의 계절을 예측할 수 있게 했다. 이와 같이 시간의 흐름, 해의 위치,

바빌로니아 달력

달의 위상 변화에 관한 정보를 담은 바빌로니아인들 달력은 그리스인과 유대인도 사용했으며, 지금까지도 유대교 예배력으로 이용되고 있다.

홍수의 주기성을 관측하다

달은 주요한 시간 흐름을 보여 주지만, 문명 발상지 모두에서 달을 시간 흐름의 기준으로 삼은 것은 아니다. 그 대표적인 예가 나일강 문명이다. 나일 강변에서 삶의 터전을 일구었던 이집트인들은 비옥한 나일 강변이 천혜의 농지이기만 한 것이 아니라는 점을 알고 있었다. 나일강은 때때로 넘쳐흘렀고, 범람으로 인해 삶의 터전이 망가지고 부서지기도 했다. 이집트인들은 이 고맙고도 미운 나일강의 범람이 일정한 시기에 이루어진다는 사실을 알아냈다. 이집트의 사제들은 나일강의 물높이 변화를 주의 깊게 관측하고 기록해 정리했다. 그 결과 평균적으로 매 365일마다 범람이 일어난다는 사실을 발견했으며 이 주기가 태양이 하늘을 운행하는 데에 걸리는 기간과 같다는 것도 알아냈다.

이런 정보들을 취합해 만든 것이 태양력이다. 이집트인들의 태양력은 한 해에 12개의 달을 두고 365일을 12개월로 나누어 각 달에 30일을 두었다. 남는 나머지 닷새는 맨 마지막 달에 배치해 이 주기를 완성했다. 이렇게 달력에 날을 분배하는 방식은 순전히 계산 편의에 의한 것이었다. 이집트의 달력이 바빌로니아에 뿌리를 두고 있었음에도 이집트의 달력은 태양은커녕 달의 움직임과도 전혀 상관이 없었다. 이집트의 환경과 필요에 맞추어 새롭게 만들어졌을 뿐이었다.

이 달력은 고대에 만들어진 다른 어떤 달력보다 단순하고 간단했다. 이것이 언제 처음 적용되었는지는 확실하지 않다. 하지만 나일강이 언제 범람할지를 안다는 것은 막강한 권력을 가져다주었음이 명백하기에 사제들이 비밀스럽게 이 범람을 예측하는 계산을 했을 것으로 보인다. 아마 그들은 기원전 2800년대 이래 태양력을 사용했을 것으로 보고 있다.

이처럼 나일강의 범람을 예측하기 위한 노력은 제사장을 포함한 권력자들에게 무서운 자연에 관한 고급 정보를 제공하는 일이기도 했지만, 한편으로는 혼란스럽고 무시무시하기만 한 자연에 질서를 부여한 일이기도 했다. 자연은 이제 질서 잡힌 대상이 되었고, 이를 통해 움직임을 예상할 수 있게 되었다.

달이 달력에서 사라지다

서양 고대에서는 이집트 달력보다 더 나은 것이 고안되지 않았다. 새로 만들어졌다고 이야기하더라도 이는 단순한 수정이나 개선에 불과했다. 그러다가 대대적인 개편이 이루어진 것은 바로 고대 로마의 정치가이자 장군이었던 율리우스 카이사르(Julius Caesar, B.C 100년~B.C 44년)에 의해서였다. 이것이 바로 현재 우리가 사용하는 태양력의 원형이다.

이집트의 달력은 율리우스 카이사르가 이집트를 정복하기 이전에 로마로 전해졌다. 로마 사람들이 전쟁은 잘했을지 몰라도, 그들의 정치, 법률, 학문 수준은 형편없었다. 자연을 이해해야 하는 과학 수준은 더 보잘 것 없었다. 이런 로마의 문화적 여건 탓에 율리우스는 이집트 달력에 매혹 당했을 것이다. 그는 이집트 달력을 로마에서 사용하기 위해 그리스 천문학자인 소시게네스(Sosigenes, B.C 1세기 활동)에게 이집트 달력을 고치라고 명했다. 이것이 율리우스력의 기원이다.

소시게네스는 어떤 달은 30일, 어떤 달은 31일로 하고 매 4년마다 윤년을 두어 2월을 29일로 처리했다. 윤년을 두어 한 해의 나머지 시간들을 해결했다. 한 해의 나머지 시간은 1태양년이 365와 1/4일이기에 한 해를 365일로 했을 때 남겨지는 시간이다. 이 시간들은 모아서 하루를 만들고 이를 12개월 안에서 처리하려는 방법이 바로 태양력의 윤년 체계이다.

이 태양년의 윤년이 2월에 두어졌음을 주목할 필요가 있다. 이집트에서는 12월에 나머지 날들을 모두 배치해 한 해의 마지막 달이 가장 길었다. 이와는 달리 율리우스력에서는 2월이 짧은 달로 처리되었다. 한 해의 마지막도 아니며 심지어 새해가 시작된 지 얼마 안 되는 달에서 말이다. 여기에는 로마의 역사와 관련한 사연이 있다.

영어로 7월은 July, 즉 율리우스의 달이다. 율리우스는 달력을 정비하면서 31일이자 한 해의 중심인 7월에 자신의 이름을 붙였다. 다음에 황제가 된 아우구스투스는 자신이 율리우스보다

율리우스 카이사르 동상

못할 것 없다며 8월(August)에 자신의 이름을 부여했고, 8월이 7월보다 하루 짧은 30일인 것을 참을 수 없어 8월도 31일로 할 것을 고집했다. 이렇게 제국의 황제들이 각각의 달에 자신의 이름을 넣다 보니 달의 이름도 밀리고 날도 줄어 1년의 마지막 달을 의미하는 이름인 페브러리(February)도 밀리고 밀려 새해의 2월이 되었다. 그리고 날수도 28일이거나 윤년인 29일이 되었다.

어긋난 해의 움직임과 달력 맞추기

율리우스력은 16세기에 수정되었다. 새롭게 개정되었다 해도 오차가 적지 않았다. 이렇게 된 데에는 소시게네스에게 원초적 잘못이 있다. 한 해의 길이를 잘못 계산해 11분 14초나 길게 둔 것이다. 한 해 통틀어 11분 14초쯤이야 크게 문제되지 않으나, 이 오차가 쌓이면 낮밤의 길이가 같은 춘추분은 길이가 같지 않게 되고, 해의 길이가 가장 긴 하지는 하지일 수 없으며, 가장 짧은 동지는 동지일 수 없게 된다. 태양 움직임을 기반으로 했다는 태양력이 이런 간단한 태양의 움직임조차 예측하지 못하면 달력에 대한 믿음이 없어지게 되는 것이다.

심지어 율리우스력이 1년으로 삼고 있는 365일과 1/4일도 정확한 태양의 한 해 길이가 아니었다. 지구가 태양을 공전하는 궤도가 타원이기에 타원의 한 바퀴를 계산할 때 무리수 원주율이 사용된다. 따라서 1년은 정확하게 똑 떨어질 수 없다는 태생적 한계를 가지고 있다. 그런데 이 오차가 수백 수천 년이 지나면 또 눈에 띄게 되는 것이다. 이런 오차로 인해 중세 유럽의 기독교 사회에서는 수많은 성인들을 제때 기념하지 못했다.

사회적으로 달력이 중요해진 시기가 되었다. 대서양과 태평양을 넘나드는 항해가 빈번해졌던 것이다. 하늘에 의지해 낯설고 위험한 바다를 건너야 했던 당시 무역선들에게 달력은 중요한 기준이자 지침이었다.

그레고리우스 13세(Gregorius PP. XIII, 1502년~1585년)는 천문학자들에게 달력의 오차를 해결하라고 명했다. 그 결과 1582년, 새로운 달력이 탄생하게 되었다. 소시게네스의 오차를 없앤 이 달력은 그레고리력이라 불리며 지금까지 사용되고 있는데, 4년마다 하루씩 '윤일'을 넣어 달력과 계절이 일치하도록 했다. 하지만 100년으로 나누어지는 해는 윤년으로 두지 않고 오직 400으로 나누어지는 해만을 윤년으로 두었다. 예를 들어 1800년, 1900년, 2100은 4로는 나누어지니 윤년인 듯하지만 100으로 나누어지므로 윤년이 아니다. 하지만 2000년은 4로도 나누어지고 400으로도 나누어지므로 2월이 29일인 윤년이다. 그레고리력은 이런 개편으로 2만 년에 하루 정도의 오차가 날 정도로 정밀해졌다.

그레고리력을 처음 선포할 때 약간의 문제가 있었다. 그동안 쌓인 오차에 의해 생긴 문제였고, 이를 정리해야 했다. 교황이 새로운 달력을 사용할 것을 명하면서, 1582년 10월 4일을 기점으로 달력의 날짜가 열흘씩 앞당겨졌다. 즉 10월 4일 다음날은 10월 15일이 되었다. 이는 서양의 역사에 1582년 10월 5일부터 10월 14일이 없음을 의미한다.

태양의 움직임을 정확하게 반영한 그레고리력은 그 뒤 1년 만에 이탈리아의 소국가, 포르투갈, 스페인 그리고 가톨릭을 믿는 독일의 소국가에서 사용되었고, 점차 더 많은 국가들에서 표준력으로 채용했다.

달과 해의 운동을 모두 담다 : 동양의 달력

서양에만 달력이 있었던 것은 아니다. 동양, 특히 동양 문화의 중심이었던 중국 역시 우주의 움직임을 담아내는 달력을 만들었다. 무질서해 보이는 우주의 움직임을 예측하는 능력이 황제의 권력과 깊게 관련되어 있다는 믿음이 형성되었기 때문이다. 동양 문화권에서는 하늘이 황제에게 백성을 다스리고 보살필 권력을 부여했고 황제는 이 하늘의 뜻을 따라 백성을 다스린다고 여겼다. 하늘의 모습이 하늘의 뜻이었고, 그 하늘의 뜻은 백성들로부터 나왔다고 믿었다. 이른바 천명사상이었다. 이는 즉 백성이 먹고 사는 일에 고통이 없어야만 하늘 역시 질서에 어긋나는 현상을 보이지 않는다는 믿음을 토대로 했다. 하늘의 이상 징후를 알기 위해 황제는 항상 하늘의 움직임을 살펴야 했다. 이를 일상적으로 수행하는 정부 기관도 두었고 전문 관리도 선발했다. 전문 관리가 수집한 정보를 토대로, 한 해 하늘의 움직임을 드러내는 역서를 편찬했다. 그리고 이 역서를 관리들이나 백성들에게 나누어 주고, 주변 나라에도 건네주었다.

동양에서 만들어진 달력은 해와 달의 움직임을 모두 담은 태양태음력이었다. 서양 달력보다 훨씬 정교하게 하늘의 움직임을 담아냈다. 윤년을 두는 방식 역시 치밀했다. 365와 1/4의 1태양년의 운행을 바탕으로 태양의 움직임을 24절기, 즉 12중기와 12절기를 두어 계절의 변화를 더 세분했으며, 태음력과의 차이를 19년 7회의 윤달을 두어 처리했다. 동양의 윤달 두는 방법을 '무중치윤'이라고 하는데, 중기가 들지 않은 달에 윤달을 둔다는 의미이다. 윤달을 두면 어떤 해는 윤삼월이 있어 봄이 좀 길어지거나, 어떤 해는 7월에 윤달이 들어 여름이 좀 길어지는 듯이 느껴지기도 한다. 하지만 여전히 계절의 흐름은 24절기의 태양력이 관장했다. 이처럼 동양의 달력은 태양과 달의 운행 주기의 차이를 세련되게 정리해 달력에 둥근 우주를 표현했다.

고대 이래 중국은 흠천감이라는 천문 전문 기관을 정부 내에 두고 고도로 훈련된 전문 관원들을 배치했다. 흠천감에서는 다양한 천문 관측 기구로 관측 정보를 수집해 이를 근거로 우주 천체의 움직임을 예측할 수 있는 수학적 방식도 개발했다.

우리나라에도 천문 자료를 얻으려는 흔적은 곳곳에 남아 있다. 경주 첨성대는 이미 삼국 시대로부터 천문 자료를 얻고 예측을 하려는 움직임이 있었음을 보여 주는 중요한 유물이다. 고려 시대에는 정부 기관으로 서운관을 두어 천문 관측 등의 훈련을 받은 관원들이 정보를 수집했다. 이 기관은 사복시나 태사국 등으로 이름이 바뀌기도 하고, 지위가 격하되거나 혹은 간헐적으로 폐지되는 등 지속적으로 운영되지 못했다. 조선 시대가 되면서 국가의 기틀을 강건히 하려는 움직임과 더불어 서운관은 관상감 등으로 이름이 바뀌기는 했지만, 항상 운영되었다. 이곳에

관상감 관천대

서 수집된 천문 관측 자료로 조선은 한양 위치에서 북극성의 고도를 측정하고 이를 바탕으로 천문 우주 운동을 예측하는 시스템을 개발했다. 이것이 세종 때 만들어진 『칠정산내외편』이다. 이 『칠정산내외편』은 하늘의 해, 달 그리고 오행성의 한 해 움직임을 예측하는 계산 방법을 정리한 것이다. 이 『칠정산내외편』은 숙종 대까지 운용되었고, 이후 오차 누적에 따른 예측 오류를 해결하기 위해 중국에서 새로운 계산법을 배워 왔다. 시헌력이라 불리는 이 새로운 계산법은 1910년 경술국치로 폐지되고 태양력으로 완전히 대체되었다.

산수와 기하의 통합, 수학의 새 지평을 열다

인간, 수에 눈뜨다

숫자가 없는 생활은 상상하기 어렵다. 그러나 인간이 수를 셀 수 있게 된 것은 인류 역사 전체를 통틀어 그리 오래된 이야기는 아니다. 수를 헤아리기 시작했다는 것은 인류가 이성적 진화를 시작했음을 의미한다. 수를 센다는 것은 사물을 헤아리기 시작했다는 것이고 사물들을 구분하고, 분류하고, 범주화하여, 이성적으로 사물을 대하게 되었음을 뜻했다.

인간이 수의 본성을 이해하고 자유자재로 활용할 수 있게 되자 무궁무진하게 수의 세계 탐험을 시작했고, 그 결과, 자연의 모든 현상을 수학으로 기술할 수 있게 되었다. 그리고 자연 현상과 변화의 결과를 예측하기에 이르렀다. 현대의 풍요로움은 그 영향 가운데 하나에 불과하다고 할 수 있을 정도이다.

물론 처음부터 많은 수를 헤아리지는 않았을 것이다. 그럴 필요도 없었다. 처음에는 고작 '하나, 둘, 그리고 많다' 정도면 됐다. 그럴 리 없을 거라고 생각할지 모르지만, 어린이들이 대부분 초등학교에 들어가기 전까지는 자기 나이 정도의 수를 '인식' 한다는 인지 관련 연구 결과—단순히 수를 읽는 것과는 다른 차원의 이야기다—가 있다. 이를 감안하면 아주 먼 옛날, 인간이 초보적으로 몇 개의 수만을 인식했을 것이라는 생각이 무리는 아니다. 그리고 수를 세기 위해서는 전제 조건, 즉 언어도 필요했다.

인류는 무리지어 한곳에 머물면서 농사를 짓고 점차 고도의 문화를 이루었다. 이른바 고대 4대 문명이 대표적이다. 이 시기에 이르면서 수학은 크게 발전했다. 고대 4대 문명을 이룬 인류는 하늘을 관측했고, 시각을 측정했으며, 거대한 건축물도 세웠다. 광대한 토지를 계산해 세금도 거두었다. 이런 모든 것들이 수학을 사용하지 않으면 안 되는 작업이었다. 수학이 필요했다.

자연과 일상의 구분, 고대 그리스 산수와 기하

나라와 나라 사이에 무역을 하거나 전쟁이 일어나면서 세계 곳곳의 문명이 교류되었다. 그렇게 고대 그리스에도 수학이 전해졌다. 고대 그리스에서 수학을 대하는 방식은 고대 바빌론이나 이집트와는 달랐다. 실제적인 길이와 넓이, 부피의 값을 구하며 실용적으로 사용되던 수학이 그리스에 도착하여 새로운 국면을 맞이하게 되었다. 바로 도형과 산수가 엄격히 구분되는, 이전과는 전혀 다른 환경과 마주하게 된 것이다. 이런 구분은 고대와 중세 지식 체계의 토대를 닦은 유명한 철학자 아리스토텔레스(Aristotle, B.C 384년~B.C 322년)와 수학자 유클리드(Euclid, B.C 325년~B.C 265년)에 의해서 명확해졌다.

아리스토텔레스는 '수'와 '크기'를 전혀 다른 영역으로 나누었다. 그는 모든 수를 '1'의 합이라고 생각했다. 여기서 중요한 것은, '1'을 수가 아닌 단위라고 규정한 사실이다. 모든 수는 끝내 1로 나누어지므로 무한히 나누어질 수 없으며, 기본을 이루는 1은 더 이상 나누어지지 않기에 궁극의 단위라는 것이다. 모든 수는 나누어지지 않는 단위 1의 합이었다. 반면 '크기'를 이루는 선, 면, 부피 등을 가지는 도형은 점으로 이루어지는데, 점은 기본 단위가 될 수 없었다. 무한히 나누어질 수 있기 때문이다. 즉 점은 무한히 나뉠 수 있는 연속적인 양으로 정리했던 것이다. 이렇게 그는 나눌 수 있고 없고를 중요한 기준으로 삼아 수와 크기를 구분해 버렸다.

비록 그의 선배 피타고라스(Pythagoras, B.C 570년~B.C 495년)가 자연의 모든 것을 수라고 주장했음에도 불구하고, 아리스토텔레스는 자연은 연속적이어서 무한히 나누어지지 않는 범주로 구성되었다고 보았다. 그렇기에 자연에 속한 범주에 대한 연구는 자연 철학자가 하며, '1'을 단위로 하는 수의 영역은 실제적 일을 하는 사람이 담당했다. 즉 연속적인 자연의 분야인 기하는 자연 철학자 사유의 대상이었고, 불연속인 1로 나누어지는 분야는 상인, 세금 관리와 같이 계산을 하는 사람들이 다루는 영역으로 분류했다.

유클리드는 아리스토텔레스의 생각을 더 명확히 해 『기하학 원론』을 썼다. 이 책에서 수의 영역을 다루는 산수와 크기의 영역을 다루는 기하학을 완벽하게 구분했다. 대선배 아리스토텔레스의 생각을 반영해 대수를 덧셈, 뺄셈, 곱셈까지도 가능한 분야라 하고, 기하는 덧셈과 뺄셈, 상수배(숫자를 곱하는 곱셈)는 가능하지만 크기(크기×크기)끼리의 곱셈은 불가능한 분야라고 정리하였다. 『기하학 원론』은 성경 다음으로 인류가 많이 본 책으로 알려져 있으며 지금까지도 수학의 기본—중학교에서 명제, 공리 등으로 증명을 이루는 방식이 유클리드가 제시한 것—으로 교육되고 있다. 유클리드는 '길이:길이', '수:수'의 비례

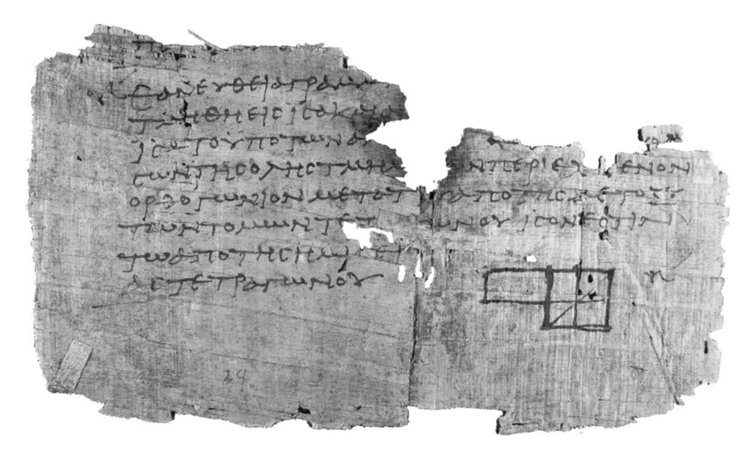

유클리드의 『기하학 원론』이 쓰여진 파피루스 일부

관계는 가능하지만, 우리가 지금 널리 쓰는 방식인 '길이:수'의 비례는 불가능하다고 판단했다. 이런 비례가 가능하기 위해서는 '기하'를 '대수'적으로 풀이하는 방식이 가능하다는 철학적 합의와 수학적 종합이 다시 이루어져야 했다. 기본적으로 16세기 즈음의 물리와 수학의 분야에서 아리스토텔레스의 해석과 체계를 거부하는 움직임이 필요했다. 그 이전까지 대수는 세금과 돈, 그리고 항해술을 계산하고 익혀야 하는 사람들이 다루는 실제적인 분야였고, 기하는 논리를 따지고 논증을 하면서 공리를 만들어 내는 학자들의 고유 분야로, 다루는 사람의 사회적 계급마저 달랐던 탓이다.

달라진 세상, 달라진 계산

16, 17세기에 이르면서 서양 사회는 매우 복잡해졌다. 다루어야 하는 셈도 복잡해지고 커졌다. 이런 세상에서는 아리스토텔레스의 구분과 방식이 통용되기 어려웠다. 바다를 통한 다른 대륙으로의 진출, 침략과 식민지 개척을 통한 시장 확대로 인한 광범위한 무역 물량과 자금의 유입, 각국의 다른 무게 단위 및 환율, 은행 이자의 계산과 배의 위치와 관련한 항해술 등, 계산은 복잡해지기 이를 데 없었다. 그리고 늘어난 무역량만큼, 전쟁도 늘어났고, 여기에 필요한 무기 개발과 더불어 성을 쌓기 위해서도 좀 더 진화된 대수가 요구되었다.

이러한 상황에 따라 계산 방법을 다루는 전문 계산가들도 등장했다. 이런 실제적 분야에서 실제적인 계산을 해내던 사람들 중 빼어난 사람들은 혁신적인 계산법을 제시하기도 했다. 그들은 연이자율을 포함해 무역을 통해 얻는 각종 이익을 계산했고, 관련 표를 고안했다. 이를 비장의 무기로 삼기도 했지만, 사람들에게 공개하여 광범위하게 사용할 수도 있게 했다. 그리고 이런 과정을 통해 대수를 수행하는 사람들의 비범한 능력이 두드러지게 나타났고, 그들의 유용성이 사회에 받아들여지기 시작하면서 사회적 지위도 점점 높아졌다.

소수 표현 방법이 만들어지다

16, 17세기 시대에 이루어졌던 여러 수학 작업 가운데 눈에 띄는 것은 수를 표현하고 표시하는 방식의 발전이었다. 그 가운데에서도 가장 혁신적인 것은 바로 1/10, 1/100 등을 표현하는 소수 체계였다. 이 소수 체계를 쓰는 것은 2천 년 동안 대수에서는 불가능하다고 여겨졌던 비연속성을 제거한 일이었다. 어떻게 단위인 1을 10으로 나누고 100으로 나눌 수 있다는 것인가!

지금은 소수 체계가 너무나 당연하다 여겨지지만, 사실 초등학교에서 분수를 먼저 배우고 소수 체계를 배우는 것을 떠올려 보면, 이런 수 표현이 반드시 자연스러운 것이라고 할 수 없다. 이 시기에 사용된 소수 표현은 지금과 달랐다. 그전에 분수로 표현했던 것을 바꾸었기 때문에 소수점 아래의 단계를 표현하는 기호를 사용했다. 우리가 10.3254라고 쓰는 숫자는 10.3①2②5③4④라고 ①, ②, ③, ④를 붙여 1/10, 1/100, 1/1000, 1/10000 자리의 수임을 나타냈다.

소수 표시 방법은 산수와 기하를 연결할 다리를 놓은 일이었다. 원주율 파이값, √값을 오롯이 숫자만으로 대략 표현할 수 있게 된 것이다. π를 3.14, √2 =1.414처럼 말이다. 이렇게 표기해 명실공히 모든 길이를 수로 표현할 수 있게 되었고, 이전 시대에 불가능했던 '길이:수'의 비례를 가능하게 했다. 소수점 체계

탁월한 수학자 시몬 스테빈은 소수 체계의 표시는 기하학과 산수의 구분, 연속과 불연속의 구분을 해체시켰다. 그로 인해 수학은 무한한 발전의 길에 올라설 수 있었다.

는 모든 수가 1을 기본 단위로 하는 것이 아니며, 1도 단위가 아니라 '수'라는 혁명적 생각을 담고 있다. 그리고 1과 2라는 자연수 사이에는 무수히 많은 수가 있음을 보여 주었던 것이다. 이처럼 소수 체계의 표시는 기하학과 산수의 구분, 연속과 불연속의 구분을 해체시켰다. 이런 일들은 네덜란드의 시몬 스테빈(Simon Stevin, 1548년~1620년)이라는 탁월한 수학자가 이루어 냈다.

해석 기하, 기하와 산수를 통합하다

시몬 스테빈의 작업은 유럽의 북쪽 네덜란드에서 끝나지 않았다. 그의 수학적 시도들은 '출판'이라는, 당시로서는 매우 새롭고 선풍적인 방식에 의해 전 유럽으로 전파되었다. 이를 바탕으로 17세기 프랑스의 R. 데카르트(Rene Descartes, 1596년~1650년)와 피에르 드 페르마(Pierre de Fermat, 1607년~1665년)가 '해석기하학'을 형성했다. 해석기하학이란 평면, 공간과 같이 전통 기하에서 다루던 분야를 '수'로 대체해 내는 작업이었다. 그들은 각각 독자적으로 실수(x, y)의 순서쌍과 수직으로 교차하는 두 직선—흔히 우리는 수평의 x축과 수직의 y축을 교차시켜 좌표 평면을 만든다—을 이용했다. 그들은 좌표축으로부터 한 점까지 이르는 거리의 관계를 수학적으로 설명하기 시작한 것이다. 축이 정해지면 모든 점은 오직 실수의 순서쌍인 (x, y)로 유일하게 표현되고, 거꾸로 실수의 모든 순서쌍은 오직 x축과 수직의 y축 위의 한 점으로 나타났다.

좌표계와 좌표 (x, y)를 처음 제시한 데카르트의 이름을 빌려 데카르트 좌표라 부르기도 하는데, 이 평면 위의 점과 실수의 순서쌍 사이에 갖는 관계는 쉽게 3차원 공간의 점과 3차원을 이루는 세 축으로 확장된다. 즉 데카르트 좌표계를 이용한 실수의 3개로 된 순서쌍 (x, y, z)은 x, y와 수직을 이루는 z축의 한 점을 가리키는 것을 의미했다. 이런 좌표계에 의해 한 점을 평면, 공간으로 넓히는 데에서 그치지 않고 수학자들은 3차원 이상의 공간으로 심지어 실제 세계에 존재하지는 않는 공간도 이 해석기하학적 방법으로 가정하며 발전시켰다.

이 해석기하학은 평면이나 공간 등에서 만들어지는 각종 다양한 도형의 크기와 부피를 포함한 성격을 분석할 수 있게 했고, 이에 따라 인간의 지성은 더욱 더 확장되었다. 고대 그리스 이래 막혔던 인간의 수학적 지성은 산수와 기하가 통합되어 말 그대로 무한하게 펼쳐지기 시작했다.

0의 발견, '없음'을 표현하다

인류의 발전과 함께한 숫자 세기

수학! 수학이라 할 수준이 아니더라도 수를 세고 더하고 빼는 일은 인류 역사만큼이나 오래되었을 것이다. 널리 알려진 것처럼 몇몇 동물들도 기초적인 수 감각을 가지고 있다고 하니, 인류가 수 세기와 셈하기를 했음은 의심의 여지가 없는 일이다. 물론 추측만은 아니다. 기원전 24세기에 이미 수가 글과 함께 쓰였던 것으로 여겨지는 기록도 보인다.

인류가 수를 사용한 이래 '0' 처럼 수학에서 여러 의미를 가지며 중요하게 여겨진 수는 없다. 그럼에도 수의 체계에 공식적으로 수용되고 사용되기에 '0' 만큼 큰 어려움을 겪은 수도 없다. '0' 은 음수와 양수의 기준으로 이용되고, 1/10, 1/100, 혹은 10, 100 등등을 포함한 수의 자릿수를 나타내기도 해 매우 유용했지만, '0' 의 의미가 '없다' 였기에 수학에 공식적으로 채용되기 쉽지 않았다. 하지만 결국 '0' 을 수 체계에 도입되었고 이에 힘입어 사람들은 수를 더 자유롭게 사용하고 변형하고 수의 범위를 확장시켰다.

인간, 수 세기의 흔적들

인류가 처음 수를 세고 기록했을 때에는 가장 간단한 방법을 이용했을 것이다. 예를 들어 3을 '///' 로 표시하는 식으로 말이다. 셋보다 많은 것이 자연에 존재한다는 것을 알게 되고, 이에 대한 이름들을 부여하고 표시하는 일들이 늘어나면서 막대기도 늘어났을 것이다. 늘어난 막대기로 인해 생긴 혼란도 있었을 것이다. 이렇게 막대기 수가 많아지는 것을 피하기 위해 다른 표시 방법을 생각해야만 했다. 막대기를 옆으로 엇갈리게 하거나 위에 놓거나 겹치게 하면서 말이다.

세월이 흐르고 인류는 자연을 좀 더 이해하고 소통 수단을 발전시키면서 다양한 방법으로 수를 표현하기 시작했으며 이를 표현하는 획기적인 방법을 고안하기에 이르렀다.

수메르 사람들과 바빌로니아 사람들은 더하기 빼기, 곱하기 나누기의 기본 셈법에서 더 나아가 넓이와 부피, 다양한 형태의 도형 면적 및 부피뿐만 아니라 도형 일부분의 길이, 너비, 부피 계산도 능숙하게 해내며 수를 다루는 일에 놀랄 만한 발전을 이루었다. 이는 수학과 천문학 분야의 엄청난 성과를 가져왔다. 기원전 1800년경 그들은 육십진법을 만들었으며 지금까지도 그 수 체계가 사용된다. 바로 시간의 분, 초 단위이다. 1분이 60초, 한 시간이 60분, 이렇게 따지는 것이 바로 그들의 셈법을 바탕으로 한 것이다.

그들은 왜 수 단위를 '60'으로 삼았을까? 그것은 60이라는 수가 2, 3, 4, 5, 6, 10, 12, 15, 20 그리고 30처럼 많은 수로 나누어질 뿐만 아니라 고대인들이 골치 아파하던 분수를 쓰지 않게 해 주었기 때문이다. 덧붙여 360도의 원도 60으로 쉽게 나누어진다. 그리고 태양이 하늘을 한 바퀴 도는데 걸리는 365일도 60진법으로 보면 크게 무리 없이 처리할 수 있었다.

이런 셈법과 수학을 바탕으로 이루어진 이집트의 피라미드는 특히 기하학적 능력 없이는 건축할 수 없는 대표적인 인류의 유산이다.

기호 0의 사용

지금은 0을 사용하지 않고 수를 표현하고 기록하는 일은 생각조차 할 수 없다. 하지만 0의 역사가 그렇게 오래된 것은 아니다.

물론 자릿수를 의미하는 숫자 기호는 600년 즈음, 인도인이 사용하기 전에도 이용되었을 것이다. 왜냐하면 십, 백 같은 십진법이나 육십진법에 수 단위를 처리하거나 자릿수를 표현해 주는 기호를 사용하지 않으면 혼란스러웠기 때문이다.

동서양을 막론하고 오랫동안 사용되었던 주판을 예로 들어 보자. 103이라는 수를 표현할 때 100단위에 주판알 한 개, 1단위

오래된 주판

에 3개의 알을 놓는다. 이것을 종이에 옮길 때 10단위의 주판알이 아무런 움직임이 없었음을 어떻게 표현할 것인가?

중국에서는 수 단위를 십(十), 백(百), 천(千), 만(萬) 등과 같은 글자를 써서 혼란을 없앴고 바빌로니아에서는 돌처럼 생긴 것을 그려 두면서 혼란을 피했다는 정도가 알려져 있다.

약 600년에 인도의 수학자들은 이를 표현하는 특별한 기호를 제안했다. 이것이 바로 0이다. 0을 활용하면서 103과 13, 130이 헷갈리지 않게 되었다. 0에 대한 연구를 문서로 남긴 인물로는 인도의 브라마굽타(Brahmagupta, 598년~668년)가 있다. 서른 살에 쓴 『우주의 창조』에서 그는 '0은 같은 두 수를 뺄셈하면 얻어지는 수'라고 정했다. 그는 아무것도 '남지 않은', '혹은 없는' 상태, 즉, 무의 상태를 표시하는 방법, 혹은 기호로 0을 쓰자고 제안했는데 그는 여기에서 한 발 더 나아가 0이 실제 수라고 주장했다. 또 그는 "어떤 수에 0을 더하거나 빼도 그 수는 변하지 않는다. 하지만 0을 곱하면 어떤 수도 0이 된다."며 0의 작용을 설명하기도 했다.

인도의 브라마굽타 이래 100년 정도가 지나서야 '0'은 이탈리아에서 Zero라는 이름을 가지게 되었다. 하지만 0을 포함해 열 개의 기호를 이용했던 인도의 수 표기 방법이 모두 유럽에 전해진 것은 11세기경의 스페인이었다. 그렇다고 그때부터 유럽에서 전격적으로 이 수 표기 체계가 쓰였다는 것은 아니다. 전해진 것과 사용한 것은 다른 차원의 일이기 때문이다.

유럽에서 0이 사용되는 일은 이슬람을 거쳐 다른 의미들이 붙여지면서 비로소 가능했는데 그나마도 유럽 사회가 획기적으로 변한 300~400년 뒤에야 이루어졌다.

이슬람 문화권에서 0과 더불어 인도의 수 표기 체계를 수입한 것은 700년즈음이었다. 특히 0을 처음으로 중요하게 다룬 수학자는 아랍의 무함마드 이븐 무사 알콰리즈미(Muhammad ibn Musa al-Khwarizmi, 780년~850년)였다. 그는 일차방정식 또는 이차방정식의 해법에 체계적으로 접근하면서 약 810년, 『인도 수학에 의한 계산법』이라는 책을 썼다. 이 책에서 그는 인도-아라비아 수 표기 체계를 사용했는데, 명쾌한 수학 서적인 이 책으로 인해 인도의 이 체계는 더 넓게 확산되었다. 그리고 이슬람식으로 해석된 '0'을 포함한 새로운 숫자 기호 체계, 즉 아라비아 숫자는 유럽으로 서서히, 아주 서서히 퍼져 나갔다.

당시 유럽에서는 수 표기 체계로 로마 글자를 이용했다(Ⅰ, Ⅱ, Ⅲ… Ⅴ… Ⅹ). 유럽 사회가 1, 2, 3, … 5 … 10 같은 새로운 아라비아 숫자를 받아들여 일상적으로, 그리고 늘 사용하는 데 수백 년이 걸렸다. 복잡하고 불편하지만 익숙했던 로마자 수 체계를 버리고 새롭고 좋지만 어색한 아라비아 숫자를 받아들이기가 매우 어려웠을 것이다.

0, '없다' 를 표시하다

무엇보다 인도와 이슬람의 수 표기 체계를 받아들이는 일이 어려웠던 것은 0때문이었다. 0이 가지는 '없음' 을 '표시되는 것' 으로 써야 한다는 일에 대한 거부감이 컸던 것이다. 이게 무슨 의미인지 파악해 보면, 그들이 보았을 때 세상은 꽉 차서 없는 곳이 없기 때문에 이를 표현하는 일은 상상조차 할 수 없다는 것이었다.

이런 생각은 고대 그리스부터 시작했다. 고대 그리스 사상가들은 이 세상이 꽉 차 있다고 믿었고 그렇게 가르쳤다. 특히 피타고라스는 '만물의 근원은 수' 라고 하면서 세상 만물을 자연수 하나하나에 대응시키기도 했다. 그가 보기에 자연 만물이 모두 자연수에 대응되듯 자연은 꽉 차 있었다. 자연을 수로 표현할 수 있고, 그대로 반영했기에 0은 있을 수 없었다. 자연의 물질들이 나누어져 분수로 표현될 수 있을지언정 없어질 수는 없었다. 고대 그리스의 신들도 심지어 없는 것에서 뭔가를 만들어 내는 능력은 없었다.

신이 '무' 에서 창조할 수 있고 '무' 로 되돌릴 수도 있다고 말하는 종교가 기독교였다. 신은 인간이 죄를 많이 지으면 물로 벌을 주고 불로도 멸할 수 있었다. 하지만 그 사회는 신조차 아무것도 없는 세상이나 우주를 원하지 않는다고 믿었다. 기독교가 유럽의 중심 종교가 되었을 때 이 종교에 이성의 힘을 불어넣은 아리스토텔레스의 철학은 물질들로 꽉 차 있음을 기본으로 하고 있었다. 그는 살아생전에 "자연은 진공, 즉 아무것도 없는 상태를 싫어한다"고 주장했다.

비록 아리스토텔레스의 가르침과 창조주가 마음대로 할 수 있다는 기독교의 교리가 자주 충돌했고, '진공' 역시 중요한 논쟁거리로 등장했지만 결론은 나지 않았다. 기독교에서도 신이 존재하는 이상 '없다'는 것은 없었다. 아무것도 없다고 일컬어지는 그때에도 모든 것을 가능하게 하는 하느님의 '말씀'이 있었기 때문이었다.

따라서 과학 혁명기의 유럽 지성인들에게 '0'을 받아들이는 일은 아리스토텔레스를 거부하고 기독교를 배반하라는 말과 같았다. 그들은 십, 백과 같은 자릿수를 표시하고, 정수 즉, 양(자연수)과 음의 수 사이의 기준점 역할을 하는 0이 아무리 편리하다 해도 '없다'는 존재할 수 없기 때문에 0을 쓸 수 없었다. '0'을 쓰는 일이 단지 기호를 받아들이는 일이나 자릿수를 표시하는 일만이 아니었음을 알고 있었다.

사회 발전을 막을 수는 없다

유럽에서 '0'을 포함하는 수 표기 체계를 받아들이게 된 일은 대수의 발전과 궤를 같이 했다. 유럽의 상인이나 무역업자들은 인도에서 시작해 아랍을 거쳐 온 십진수 표기 방법이 물건을 사고팔거나 사고판 내용을 기록하는 데에 매우 편리하다는 점을 알게 되었다. 점점 상업이 발달하고 해외 무역이 빈번해지면서 이 수 표기 방법은 더 넓고 더 빈번하게 사용되었다.

그들은 0이 지니는 철학적 문제보다는 편리성에 주목했고, 편리하다면 굳이 쓰지 않을 이유가 없었다. 무역과 상업에서 광범위하게 사용되기 시작하면서, 대수학과 기하학이 종합되어 넓이와 크기와 같은 도형의 문제를 수로 표현해 대수학적 방식으로 풀기 시작하자 아라비아 숫자 표기 방법은 더 이상 상인들과 회계를 업으로 하는 사람들만의 전용물로 머무르지 않게 되었다. 더불어 이를 더 효율적으로 발전시켰다.

특히 비에트(Francois Viete, 1540년~1603년) 같은 프랑스 수학자는 아라비아 숫자를 사용하는 데에서 한 걸음 더 나아가 대수학에 아라비아 숫자와 더불어 상수나 미지수를 기호로 사용하기 시작했다. 우리가 잘 알고 쓰는 방식인 x, y와 같은 기호를 이용한 것이었다. 지금과 똑같은 방법으로는 아니지만 비에트는 1591년 이런 서술 방식을 토대로 하는 대수 책을 썼다. 이 책은 오늘날 고등학생들이 쉽게 다루는 수준의 문제들로 이루어졌고 선풍적인 인기를 얻었다. 많은 사람들이 이 책을 통해 이 기호 방법을 접하고 이슬람식 기호와 더불어 자릿수를 표시하

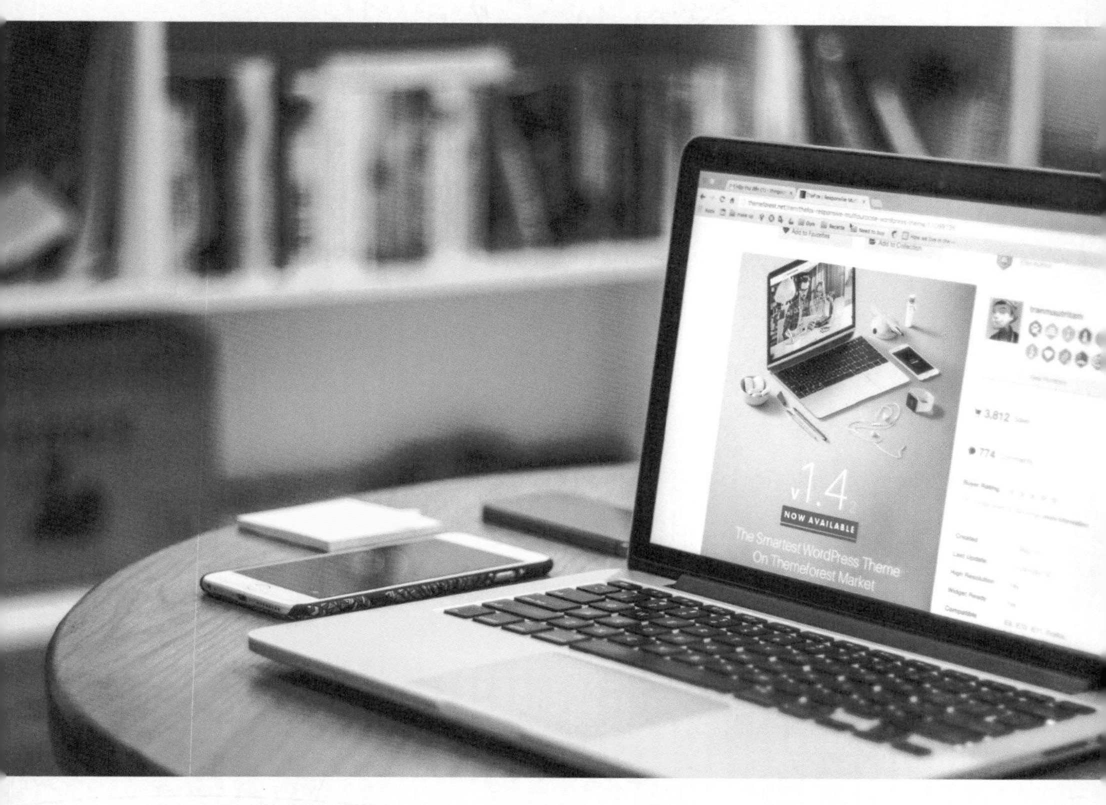

0에 대한 철학적 의미를 숙고하는 사람들이 사라지면서 수학이 발전하고, 우리 곁에 컴퓨터가 존재하게 되었을지도 모른다. 0을 발견하고, 0을 인정하여, 0을 세상에 반영하기로 결심한 이들이 과학사 명장면을 차지할 주인공이 아닐까 싶다.

는 '0'을 익혔다.

이런 변화로 '0'의 철학적 의미를 숙고하는 사람들이 사라졌고, 수학의 발전은 거듭되었다. 실용성과 편리함의 옷을 단 수학은 더 이상 거칠 것이 없었다. 이제 단지 0, 1로만 표현해도 컴퓨터가 작동하는 세상이 도래했고, 그 무궁한 발전이 인류 앞에 놓이게 되었다.

컴퓨터의 기본인 반도체는 말 그대로 도체와 부도체로 구성된다. 반도체를 활용하기 위한 명령은 전류가 흐르는 것, 적게 흐르는 것으로 구성하면 된다. 이런 명령의 구성에 2진법이 활용되는 것이며 이는 0과 1로 세상의 모든 정보를 표현할 수 있음을 의미한다.

연금술, 화학, 그리고 산소를 발견하다

화학의 아버지가 연금술이라고?

연금술과 화학은 다른 분야로 연금술을 화학의 아버지라고 운운하는 것은 문제다. 이렇게 강하게 이야기를 하면서 글을 시작하는 이유는 두 분야의 연구 목적, 연구 토대, 심지어 연구 방법 등이 다르기 때문이다. 다만 오직 몇몇의 약품이나 실험 기구가 같을 뿐인데 이를 두고 연금술에 대해 화학의 아버지 운운하는 것은 엄밀히 과학 분야인 화학으로서는 매우 자존심이 상하는 일이 아닐 수 없다. 단지 매우 오래된 분야라는 것을 자랑하고 싶다면 말릴 수는 없지만 말이다.

연금술은 자연계의 여러 물질로부터 금을 만들어 내겠다는 것이고, 화학은 자연을 이루는 물질을 규명하려는 것이 그 목적이다. 두 분야는 토대도 다르다. 연금술은 고대 그리스의 물질관을 바탕으로 한다. 즉 모든 물질들은 연결되어 있고, 비율을 조정하거나 신비로운 힘을 지닌 '현자의 돌'을 작용시키거나 별의 작용으로 변화를 일으키면 금이나 다른 원하는 물질을 만들 수 있다고 생각했다.

반면 화학은 모든 물질이 낱낱으로 나누어지는 기본 물질의 결합으로 만들어지며, 자연은 이 분해 가능한 물질들의 끊임없는 기계적 운동으로 이루어진다고 생각한다. 신비로운 힘이라는 것 자체를 거부하는 것이다. 또 몇몇 기구들이나 다루는 약품들이 비슷할 지라도 이를 다루는 방식이 다르다. 연금술에는 신비로운 힘을 투입하기 위한 의식, 주술이 포함되어 이 단계는 매우 비밀스럽게 진행되지만 화학 탐구는 그저 실험실의 환경에 따른 오차 보정만이 일어난다.

이렇게 전제부터 다른 두 분야가 유사해 보이거나 심지어 화학이 연금술에 뿌리를 둔 것처럼 보이는 이유는 두 가지다. 하나는 화학이 연금술에 의해 만들어진 황산이나 염산, 질산, 알코올 같은 약품들을 사용한다는 것이고, 다른 하나는 연금술에서 사용하는 비커, 시험관, 증류관, 스탠드와 같은 도구들을 이용한다는 것이다. 물론 이 두 분야는 여러 물질을 섞고, 휘젓고, 뜨겁게 끓이거나 차갑게 식히며 결과를 기다리는 등의 행위를 한다는 공통점이 있다. 무엇보다 연금술을 의미하는 낱말 'alchemy'에서 화학의 영어 낱말인 'chemistry'가 왔다는 점은 이런 의심을 강하게 만든다. 이 두 분야를 명확하게 나눈 것은 18세기 말 산소를 발견하고 나서부터였다. 그 후로는 연금술이 사라지게 되었고 화학이 성립되었다. 그리고 자연 만물의 비밀을 푸는 빗장이 열리며 많은 화학의 법칙, 화학 변화의 원리들이 발견되어 풍요로운 생활을 기약했다.

공기를 나누다

연금술사, 마술사, 의화학자 등이 '별'이나 '현자의 돌'이 지닌 신비로운 힘으로 물질을 변화시키려 노력하는 동안, 몇몇 자연 철학자들은 물질들을 '발견'하고 분석하기 시작했다. 특히 그들은 생명 활동을 유지하는 데 필수적이며 고대 그리스 이래 하나의 근본 물질이라 여겨진 공기가 혹시 여러 물체의 혼합물이 아닌지 궁금했다. 그래서 공기를 분리하는 작업을 시작했다. 공기가 단 하나의 물질이 아니라 '고정된 공기(오늘날의 탄산가스)', '가연성 공기(수소)', '나빠진 공기(질소)', '초석의 공기(일산화탄소)', '불의 공기(산소)' 등이 서로 섞여 있으며, 특히 '불의 공기'와 '나빠진 공기'가 공기의 대부분을 차지하고 있음을 알게 되었다. 그리고 공기가 '불의 공기'와 '나빠진 공기'가 1:3의 비율로 이루어져 있다는 것을 알게 되었고, 물질이 탈 때 필요한 기체가 '불의 공기'라는 점도 알아냈다.

진공을 만들어 내다

자연 철학자들은 기체를 분리해 내면서 과감한 생각을 하기 시작했다. 근대 사회에서도 영향력을 완전히 거두지 않은 고대 그리스의 믿음 가운데 하나인 '꽉 찬 세계'를 의심하기 시작했던 것이다. 심지어 근대 자연관을 열었던 자연 철학자들 대부분이 진공을 별로 의심하지 않는 상황에서 빈 공간, 아무것도 없는 공간, 즉 진공이 있을 수 있다고 생각한 일은 획기적이라는 차원을 지나 반역에 가까웠다.

이 반역자들 가운데 한 사람인 보일(Robert Boyle, 1627년~1691년)은 귀족이자 매우 유명한 자연 철학자였다. 그는 진공이 존재함을 보여 주기 위해 진공 펌프를 만들기도 했다. 유리병에 개구리를 한 마리 넣고 펌프로 유리병의 기체를 뽑아내면 얼마 지나지 않아 개구리의 피부가 쪼그라들기 시작하고 완전히 쪼그라들면—당시는 개구리가 죽었는지 살았는지와 같은 윤리

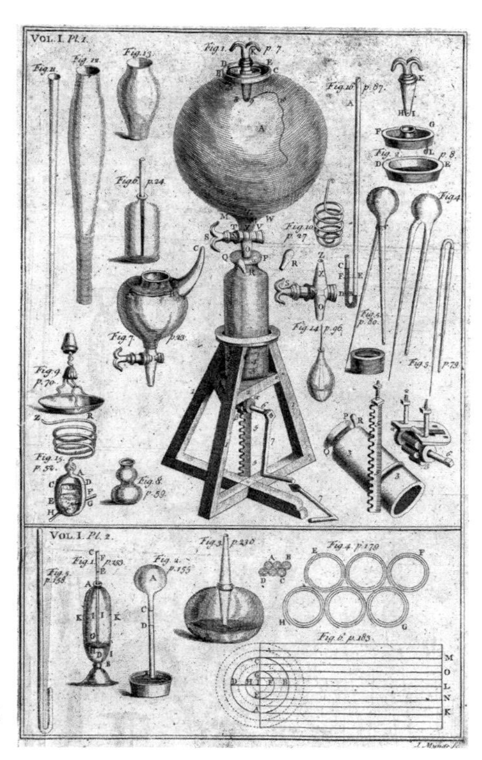

보일의 첫 번째 진공 펌프

적 문제는 크게 부각되거나 거론되지 않았다—유리병 안이 진공이 되었음을 보여 주는 것이라 주장했다.

이 발칙한 자연 철학자, 보일이 만든 이 장치는 당시 영국에서 큰 구경거리가 되었다. 물론 그 안이 진공임을 알려 주는 과학적 증거도 없어, 펌프로 모든 공기를 완벽하게 제거할 수 없다는 반론도 펼쳐졌다. 사실 그는 완벽한 진공 상태를 한 번도 제대로 보여 주지 못했다. 하지만 그는 사람들이 신뢰할 수 있도록 성실하고 진지한 태도로 자신의 발명품을 거듭 공개했다. 이런 그의 태도는 사람들이 현실 세계에 진공이 존재할 수 있음을 받아들이게 했다.

그리고 보일은 이 장치를 이용해 "공기의 압력과 부피는 반비례한다."는 '보일의 법칙'을 발표했다. 이 법칙이 의미하는 바는 공기 사이사이가 비어 있어 거기에 압력이 가해지면 이 빈틈이 줄어들어 부피가 줄어든다는 것이었다. 이는 당대의 그보다 더 유명했던 자연 철학자 데카르트가 제기한 '꽉 찬 공간'이라는 견해를 부정하는 일이었고, 공기 입자들이 자유롭게 운동할 수 있는 공간이 있음을 뜻했다. 이 '보일의 법칙'은 아직도 부피와 압력 사이의 관계를 보여 주는 기본적인 이론으로 이용되고 있다.

연금술에서 완전히 벗어나다

17, 18세기 자연 철학자들이 자연에 존재하는 물질 자체에 관심을 가지며 변화의 양상을 살피고, 진공을 만들어 냈다고 하더라도 물질 변화를 연구하는 분야에는 여전히 연금술의 그림자가 드리워져 있었다. 가장 근본적인 질문, 무엇이 변화를 이끄는가,라는 질문의 해석에 연금술, 혹은 연금술이 뿌리내리고 있는 고대의 물질관이 깊숙이 개입하고 있기 때문이었다. '변화가 왜

연금술은 자연계의 여러 물질로부터 금을 만들어 내겠다는 것이고, 화학은 자연을 이루는 물질을 규명하려는 것이 그 목적이다. 두 분야는 토대도 다르다. 연금술은 고대 그리스의 물질관을 바탕으로 하며 과정에 현자의 돌이나 마술적 주문이 개입된다.

일어나는지'에 대해 당시 사람들은 플로지스톤의 출입에 의해서라는 답을 제시했다. 적어도 이 대답에는 신비로운 힘이 없었고 이에 만족한 학자들은 이를 수용했다. 이 플로지스톤은 슈탈(Georg Ernst Stahl, 1659년~1734년)이 연소를 설명하기 위해 기름 성분을 가진 흙에 붙인 이름이다.

슈탈은 플로지스톤을 물질의 변화에 작용하는 물질이라고 소개했다. 그에 의하면 타고 남은 재는 부슬부슬 힘이 없는데 이는 물질이 타면서 플로지스톤이 모두 날아갔기 때문이라는 것이다. 이런 플로지스톤은 마치 생명력과 같은 느낌을 주는데 사람들이 나이가 들어 늙고 힘이 없어지는 것도 바로 플로지스톤이 밖으로 날아갔기 때문이라는 설명이 가능했다. 플로지스톤이 정말 자연에 존재하는 물질인지의 여부를 떠나 이런 물질이 변화에 개입하고 이로써 변화가 설명된다는 것이 중요했다. 이는 물질의 변화를 설명하기 위해 연금술의 마술적인 신비로운 힘, 혹은 현자의 돌, 별들의 영향과 연결 지었던 상황에서 벗어남을 의미했기 때문이었다.

물론 플로지스톤의 뿌리는 역시 연금술의 기원이기도 한 고대 그리스이다. 고대 그리스의 생각에 따르면 땅은 물과 흙, 두 근본 물질로 이루어져 있다. 플로지스톤 가설은 흙을 더 세분해서 토대로 삼았다. 그 설에 의하면 흙은 '유리같이 녹는 흙', '기름같이 타는 흙', '액체의 흙'으로 나뉘며, 기름같이 잘 타는 흙에 불붙는 성질인 플로지스톤이 포함되어 있다. 이런 생각을 받아들인 사람들은 이를 좀 더 발전시켜서 물질의 변화, 특히 생생하던 것이 풀이 죽어 부슬부슬해지고, 불에 타서 재가 되고, 사람이 늙어 생기가 없어지는 것과 같은 모든 변화를 플로지스톤의 드나듦에 의한 현상이라고 설명했다. 공기 중으로 나간 플로지스톤은 식물 같은 물체가 다시 흡수한다고 보았다.

자연 철학자들은 기체를 분리해 내던 실력으로 플로지스톤이 물체에서 나오면 물체의 무게가 줄어든다는 것을 알아냈다. 하지만 문제가 생겼다. 바로 금속의 변화였다. 철과 같은 금속은 공기 중에 놓아두거나 열을 가하면 녹이 슬어서 푸석푸석해지는데 이 녹슨 금속의 무게가 보통의 금속보다 더 나갔다. “철이 플로지스톤을 내보냈는데, 더 무거워지다니 그럼 플로지스톤은 음의 무게를 가졌나?” 하는 의문이 생기기 시작했다.

당시 활동하던 자연 철학자 중 프리스틀리(Joseph Priestley, 1733년~1804년)라는 영국 목사는 수은을 가지고 실험을 해 보았다. 수은을 태운 수은 재를 밀폐된 유리병 같은 곳에 넣고 오랫동안 높은 온도로 가열했더니 수은 재가 다시 수은이 되었다. 그는 이 변화 과정을 밀폐된 유리병 안의 수은 재가 병 안의 공기에 있는 플로지스톤을 흡수해서 수은이 되었다고 설명했다. 이 수은은 수은 재보다 가벼웠다. 또 플로지스톤을 내어 준 공기를 따로 모았더니 이 공기는 죽어가던 촛불을 되살렸고, 비실비

실하던 쥐를 다시 생생하게 만들었다. 그는 이 공기를 두고, 플로지스톤을 잃은 공기라는 의미인 '디플로지스톤'이라고 부르며 이 발견을 자랑스러워했다. 프리스틀리는 플로지스톤이 모든 변화에 개입한다는 가설을 완전히 믿고 이 중요한 실험 역시 그 가설로 설명했음을 볼 수 있다.

그런데 이 실험을 완전히 다른 시각으로 바라보는 사람이 있었다. 그로 인해 플로지스톤 가설을 완전히 벗어날 수 있었는데 그가 바로 라부아지에(Antoine-Laurent Lavoisier, 1743년~1794년)였다. 그는 프리스틀리의 실험을 접하고, 이 디플로지스톤의 특성에 주목하는 한편 '음의 무게를 지니는 물질'이라는 문제를 심각하게 받아들였다. 그는 세상에 어떤 물질이 음

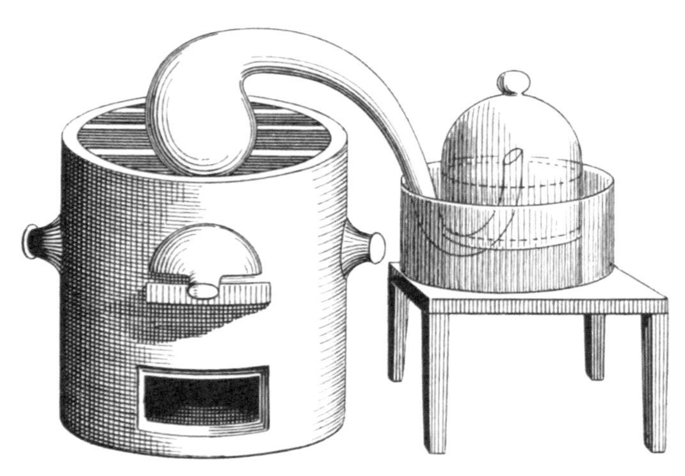

라부아지에의 산소 추출 실험 기구

의 무게를 가질 수 있는가, 음의 무게는 너무나 말도 안 된다고 거부했다. 당시 대부분의 물질 변화를 살피는 학자들에게 '음의 무게'는 큰 문제가 아니었다. 더 나아가 그들은 플로지스톤의 존재를 확신했다. 물질 변화에서 연금술적 신비로운 힘을 제거해 버린 플로지스톤이 주는 매력이 무한했기 때문이다. 이 플로지스톤이 연금술과 그들의 작업을 구분해 준다고 믿었다. 하지만 스스로 물리학자라고 생각한 라부아지에는 '음의 무게'만큼 말도 안 되는 소리는 없다고 여겼다. 그는 디플로지스톤이라는 애매한 물질을 산소로 대체해 버렸다. 그럼으로써 고대 그리스의 물질 세계로부터 완벽하게 벗어날 수 있게 되었다.

산소 옥시젠, 수소 하이드로젠, 원소 이름 부르기

산소를 발견한 라부아지에는 1787년, 『화학적 명명법의 방법』이라는 책을 출판했다. 이 책에는 화학 물질에 이름 붙이는 방식이 매우 쉽고 합리적으로 제안되어 있다. 이 방식은 비록 20년이 지나서야 화학자들에게 받아들여졌지만, 그 이후부터는 소통이 가능한 단일한 언어로 그들의 작업을 기술할 수 있게 되었다. 그리고 그 방식은 지금까지 사용되고 있다.

그렇다면 왜 이러한 단일한 언어가 중요할까? 연금술의 시대, 연금술사가 다루는 물질에는 자신만이 아는 독특하고 특이한 이름들이 붙여졌고, 따라서 같은 물질이 다른 이름으로 불리는 일이 허다했다. '아연의 꽃들', '비소의 버터', '호전적인 이디오피아인들' 등등 신비하고 환상적이면서 모호한 이름을 가지게 된 것이다. 이처럼 무슨 뜻인지 정확하게 알 수 없는 이름이 붙여졌을 때 이 물질들은 오해의 소지가 있었다. 예를 들면 '비소의 버터' 같은 이름은 먹어도 괜찮을 것 같지만 실제로는 독약이다. 또 어떤 물질의 합성인지 알 수 있는 실마리조차 없다.

화학이 과학의 분야가 되기 위해서는 혼란스럽고 마술 같은 연금술식 이름 붙이기를 탈피해 모든 사람이 알 수 있고 이해할 수 있게 해야 했다. 그 시작은 이름 붙이기의 '기준'을 세우는 일이었다. 이 기준을 정하는 일이 18세기 화학 분야에서 매우 중요한 작업으로 대두되었다.

이 작업에 몰두했던 사람이 바로 라부아지에였다. 그는 산소를 발견하기 전에 이미 '물질 보존의 원리'와 리네우스(Carl von Linnaeus, 1707년~1778년)의 '생물 분류 원리'를 두 축으로 화학 명명법의 체계를 세우기 시작했다. 그는 한 물질에 이름을 붙이는 일이 그 물질의 성분과 화학 반응을 알게 할 뿐만 아니라 기록하는 수단이 되어야 한다고 보았다. 이런 생각으로 수많은 화학 물질을 분류하려고 했지만 쉽지 않았다. 그러다가 라부아지에는 산소의 발견으로 물질 변화가 물질들 사이의 결합 혹은 분해 과정임을 명확히 할 수 있었고, 동시에 이를 토대로 명명법의 기준을 수립할 수 있었으며, 명명법 체계를 구축할 수 있었다.

이 체계를 받아들인 네덜란드의 화학자 베르젤리우스(Jons Jacob Berzelius, 1779년~1848년)는 1813년 이를 한층 더 발전시켰다. 그는 낱말의 첫 글자를 사용해 그 물질을 나타냈다. 예를 들면 hydrogen(수소)는 H로, Oxygen(산소)은 O로 표시하는 방식이었다. 우리가 아는 화학 명명법과 표기법인 H_2O, CO 같이 쓰기 시작한 것이다. 이런 표기법을 다른 화학자들도 수용하면서 이제 화학은 연금술과 영원히 이별하고 인류의 복지 증진에 기여하는 분야로 거듭나는 데 성공했다.

'산소'의 발견은 따라서 단순히 공기를 구성하는 한 종류의 기체를 더 발견했다는 차원을 넘어선 일이었다. 근대 화학의 체계를 구성해 근본 물질들의 변화를 다루며 이를 수학적으로 표현할 수 있는 분야로 나아가게 한 위대한 사건이었다.

태양 중심설 1, 지구가 일개 행성이 되어 버리다

태양이 도는가? 지구가 도는가?

태양이 우주의 중심이라는 태양 중심설은 코페르니쿠스(Nicolaus Copernicus, 1473년~1543년)에 의해 제기되었다. 물론 코페르니쿠스가 이야기하기 2천 년 전 쯤, 고대 그리스 사모스의 아리스타르코스(Aristarchus of Samos, B.C 310년~B.C 230년)가 태양이 우주의 중심이라고 주장한 바 있기도 하다. 그는 태양 중심설의 근거로 지구와 달 사이 거리와 지구와 태양 사이 거리의 비를 제시했다. 그 계산에 따르면 지구와 태양 사이의 거리가 지구와 달 사이의 거리보다 18~20배나 멀었다. 실제로는 18~20배의 20배 정도인 400배가 넘지만, 지구가 달을 데리고 태양을 돈다고 한 주장의 근거로는 큰 문제가 없었다.

또 에라토스테네스(Eratosthenes of Cyrene, B.C 276년~B.C 194년)는 지구의 둘레를 계산하고 달과 태양의 지름과 부피의 비도 구하여, 태양이 지구에 비해 6~7배 더 넓고 따라서 태양의 크기가 지구보다 300배나 더 크다고 결론지었다. 이런 크기 비교를 바탕으로 태양이 지구를 돌기보다는 지구가 태양을 도는 것이 훨씬 그럴 듯하다고 주장했다. 하지만 당시 이런 주장들은 주변부에서 제기된, 그야말로 아주 작은 일화들에 지나지 않았다.

왜 지구가 중심이었는가?

당시 많은 사람들은 플라톤(Plato, B.C 428/427년~B.C 348/347년)이나 아리스토텔레스 등에 의해 정리된 지구가 우주 중심이라는 지구 중심설을 받아들였다. 즉 정지해 있는 지구를 중심으로 천체가 움직인다는 천동설을 믿었다. 특히 플라톤의 제자였던 아리스토텔레스는 하늘의 별들과 태양, 그리고 달의 운동에 대해 특별한 설명을 하고 의미를 부여했다. 특별한 설

플라톤(좌)과 아리스토텔레스(우)

명이란 원운동과 관련되어 있었다. 원운동 가운데 천체의 운동이라고 여겨진 등속 원운동은 시작도 끝도 없이 언제나 같은 속도를 유지하는 운동, 완벽한 운동이었다. 그리고 그 중심은 가장 무거운 지구였다. 이 등속 원운동은 우주의 영원성을 보장했다.

하늘의 운동과는 달리 땅에서의 운동은 시작과 끝이 있는 상하 수직의 직선 운동이었다. 땅에서는 생명이 태어나고 죽듯 모든 물체들은 시작과 끝이 있는 운동을 했다. 운동으로 물질이 향하는 목적 지점은 언제나 자연의 법칙에 따른 본연의 자리였다. 무거운 것들은 아래로 떨어졌고, 공기와 불처럼 가벼운 것들은 위로 올라 사라졌다. 물론 속도도 달랐다.

지구 중심의 우주 : 영원불멸의 우주를 보장하다

하늘의 등속 원운동은 균형이 잡혀 있고 조화로웠으며 완전했다. 심지어 인간이 이해하고 예측할 수 있는 질서도 있었다. 태양은 언제나 같은 모양으로 떴고, 별도 언제나 같은 모양으로 같은 곳에서 뜨고 졌다. 내일 태양이 안 뜰 리는 없다. 그런 일은 1천 년 전에도 없었고, 1천 년 후에도 없을 거라고 생각했다. 태양과 별은 영원히 사라지지 않고 언제나 같은 운동을 했던 탓이다. 같은 속도로 원을 그리며 지구를 중심으로 떴다 졌다. 하늘과 땅 사이에 달이 있었다. 달은 차고 기울며 변화했고, 나타나지 않을 때도 있지만 완전히 사라지지는 않았다. 달과 하늘이 하는 원운동의 중심이 바로 지구로 여겨진 것은 당연해 보였다. 지구를 중심으로 달, 금성, 수성, 태양, 화성, 목성, 토성이 같은 위치에서 하루에 한 바퀴씩 돌았고, 크고 작은 수많은 별들이 맨 바깥에서 지구를 중심으로 또 매우 빠른 속도로 열심히 하루에 한 바퀴씩 도는 것처럼 보였다. 우주 모든 것들의 운동은 변하지도 않고 질서정연하게 계속되었다.

아리스토텔레스가 정리한 이래, 이 모습이 당시 사람들에게 받아들여진 것은 이 우주가 지극히 경험과 일치하고 상식적이었기 때문이었다. 거기에다 그의 자연에 관한 설명은 논리적이었고 합리적이며 모든 것들이 유기적으로 연결되어 군더더기

없이 말끔하고 아름답고 완벽해 보였다. 지구 밖이든 안이든 그가 설명한 모든 운동과 물질들은 서로 연결되어 일관성이 있었고 예측이 가능했다.

물론 실제 모든 경험과 관찰이 아리스토텔레스의 설명과 일치하지 않았다. 예를 들면 화성이나 금성, 수성이 하는 운동은 이상했다. 밤하늘에서 금성과 수성을 볼 수 없고 초저녁과 새벽에만 보이는데 아리스토텔레스의 설명으로는 이 운동이 납득되지 않았다. 심지어 화성은 원운동을 제대로 하지 않았다. 뚜벅뚜벅 앞으로만 가는 원운동을 하지 않고 뒤로 되돌아갔다는 다시 앞으로 진행하는 이른바 '역행 운동'을 했다. 심지어 아리스토텔레스가 하늘의 세계는 시작과 끝도 없이 영원하다고 했다는데, 새로운 별이 나타나기도 했다. 그리고 뜬금없이 꼬리를 끌고 나타나는 별도 있었다.

이런 실제 모습을 알아챈 사람들도 있었지만 그들조차 아리스토텔레스의 아름답고 질서 잡힌 자연을 그대로 둔 채 이를 설명하려 했다. 아리스토텔레스의 이론과 체계에 일치하도록 실재하는 세계를 끊임없이 조정했던 것이다. 그 덕에 비록 기독교가 유럽을 지배하던 시대에서조차 이교도의 학문인 그리스 자연철학은 우주와 자연 현상에 대하여 가장 믿을 만하게 잘 설명한 체계라고 받아들여 질 수 있었다. 이교도의 학문을 배척하고 추방하고 외면했던 4~5백 년 정도를 제외하면 서양 유럽의 자연은 아리스토텔레스의 지배 하에 있었다고 할 수 있다.

도는 것은 지구다

절대적이라 여겼던 아리스토텔레스의 설명 체계에 큰 흠집을 낸 사람이 바로 코페르니쿠스였다. 그는 도는 것은 지구요, 중심은 태양이라는 태양 중심설을 주장했다. 그렇다고 그가 아주 심각하고 과격하게 주장한 것도 아니었다. 그냥 그는 아리스토텔레스의 우주 체계에서 중심만 바꾸었을 뿐이었다. 지구에서 태양으로 말이다. 그가 이처럼 중심을 옮긴 데에는 그 나름대로의 사정이 있었다. 서기 100년 이후부터, 이미 아리스토텔레스의 우주 구조가 실제 관측 자료와 맞지 않았다. 수학을 아주 잘했던 프톨레마이오스(Claudius Ptolemaios, 100년~170년 추정)가 이 문제를 해결했다. 그는 아리스토텔레스의 우주 구조, 즉 지구를 중심으로 태양과 행성들이 도는 우주와 그동안 축적된 천제 관측 자료를 맞추려 했다. 그리고 결과를 정리해 『알마게스트(Almagest)』라는 책으로 편찬했다. 13권에 달하는 이 책의 핵심은 별들이 둥글고 투명한 여덟 개의 틀(천구)에 각각 박혀 이 천구는 등속 원운동을 한다는 아리스토텔레스의 모형과 관측 데이터를 일치시키기 위해 제시된 두 가지의 수학적 가설이었다. 이 수학적 가설은 주전원과 이심원이었다. 주전원은 지구

절대적이라 여겼던 아리스토텔레스의 설명 체계에 큰 흠집을 낸 것이 바로 코페르니쿠스였다. 그는 도는 것은 지구요, 중심은 태양이라는 태양 중심설을 주장했다. 그렇다고 그가 아주 심각하고 과격한 주장을 한 것도 아니었다. 그냥 그는 아리스토텔레스의 우주 체계에서 중심만 바꾸었을 뿐이었다.

를 중심으로 회전하는 천구의 한 점을 중심으로 돌아서 만들어지는 원을 말하고, 이심원은 지구 옆에 가상으로 설정한 중심으로 만들어지는 원이다. 이 가설들로 수성과 금성을 낮에 볼 수 없는 이유나 화성이나 목성이 왔다 갔다 하는 일들에 대한 설명이 가능했다.

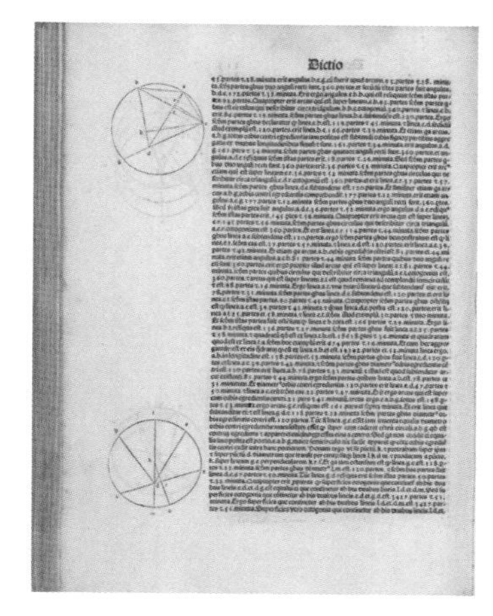
『알마게스트』일부

이 『알마게스트』가 유럽에 소개된 것은 12~13세기의 일이었다. 탁월한 천문학자였던 코페르니쿠스는 이 책을 아주 열심히 공부해 완벽히 이해했다. 더불어 문제도 파악해 버렸다. 코페르니쿠스는 수성과 금성, 화성의 위치와 운동을 제대로 계산하려면 주전원과 이심원이 엄청 많이 필요하다는 사실을 깨달았다. 코페르니쿠스는 수학을 매우 잘했기에 210개가 넘는 이 주전원과 이심원을 계산하는 데에 문제가 없었지만, 한 가지 의문이 들기 시작했다. 너무 복잡해진 우주 자체가 의문이었다. 이렇게 복잡할 리 없다고 생각한 코페르니쿠스는 지구와 태양의 자리를 바꾸었다. 그랬더니 주전원과 이심원이 반으로 줄어들었다. 이렇게 참신하고 획기적인 생각이라니!

하지만 대놓고 이를 자랑하기에는 문제가 있었다. 『알마게스트』가 유럽에 들어온 것도 불과 2~300년의 일이었고 이 책의 중심 생각들은 기독교 교리와 달랐다.

유럽 기독교 사회의 성직자들은 이미 1000년 전에 고대 그리스의 이교도들을 추방했으며, 그들의 생각이 그대로 들어 있는 『알마게스트』를 포함한 그리스의 학문들이 들어오는 것을 격렬하게 반대했다. 앞에서도 얘기했듯 우주를 만든 하느님은 언제든지 인류를 멸할 수 있고 언제든 운동을 변화시킬 수 있다. 또 그의 외아들 예수는 인류를 구하기 위해 기적을 행했다.

이런 기독교의 논리와 달리 그리스의 철학자 아리스토텔레스는 이 세상이 영원할 것이라고 주장했다. 그리고 논리적으로 설명이 되지 않는 어떤 변화, 예를 들면 기적같은 일은 없다고도 했다. 전능하신 하느님은 무엇이든 만들 수 있는데 아리스토텔레스는 아무것도 없는 공간, 즉 진공은 없다고 부르짖었다.

이렇게 어울리지 않은 하느님의 뜻과 철학자의 이론 사이를 신학자들과 철학자들이 2~300년 동안 공들여 봉합시켰다. 받아들일 수 있는 것은 받아들이고 받아들일 수 없는 것은 아예 입에 올리지도 말라고 엄포도 놓으면서 말이다.

그런데 코페르니쿠스가 신학적으로 다시 구축된 자연 철학 체계에 엄청난 파문을 일으킨 것이다. 더 이상 지구가 우주의 중심이 아니라니. 지구가 태양의 일개 행성에 불과하다니. 하느님이 지구를 만들고 빛과 어둠을 만들고 만물을 만드셨고 심지어 인간도 만드셨는데, 그리고 외아들 예수를 보내어 그렇게 공들여 만든 인간들을 구원하게 하셨는데…. 그런데 지구가 우주의 중심이 아니라 일개 행성에 불과하다니….

그럼에도 불구하고 코페르니쿠스가 발견한 태양 중심설은 천문학자들에게 빠르게 전해졌다. 그들은 아주 기쁘게 간단해진 이 수학 체계를 받아들였다. 그리고 코페르니쿠스에게 책으로 출간하라고 권하기까지 했다. '수학적 가정'이라고 덧붙이라고 하면서 말이다. 그렇게 해서 탄생된 코페르니쿠스의 『천구의 회전에 관하여』가 탄생되었지만, 이 책은 그가 죽고 난 다음에 발행되었고, 거기에 더해 출판되자마자 금서가 되었다.

하느님을 모욕하고 인간이 사는 지구를 일개 행성으로 만들어버려 인간의 존엄을 여지없이 짓밟았다는 이유로 금서가 되었지만, 그럼에도 이 책은 암암리에 많이 읽혔다. 그 당시에도 금지는 엄청난 유혹이었던 모양이다. 이 책은 무엇보다 복잡하기 그지없는 계산을 간단하게 해 주는 치명적인 매력을 가지고 있었기에 당시 천문학자나 천문학도들은 금서를 읽는 데에 따르는 위험을 마다하지 않았다. 그러면서 조금씩 태양 중심설이 사실이라는 믿음도 생겨났다.

이런 믿음들이 퍼져 나가던 중, 네덜란드의 한스 리퍼세이(Hans Lippershey, 1570년~1619년)는 망원경을 발명하기도 했다. 1608년 안경점을 운영하던 리퍼세이는 우연히 렌즈를 조합해 먼 곳의 물체가 확대돼 보이는 것을 발견하고, 길쭉한 통에 렌즈를 끼워 망원경을 만들었다. 이 망원경은 우주를 바라보는 또 다른 시선을 인간에게 가져다주었다.

우주는 완벽하지 않았다.

태양 중심설 2,
불완전한 우주를 보여 주다

태양 중심설을 받아들이다

코페르니쿠스의 태양 중심설은 첫째, 지구가 1일 24시간에 한 번 한 바퀴 자전한다는 것, 둘째, 1년에 한 번 태양 주위를 공전한다는 것, 마지막으로 지구 축이 운동한다는 것, 이렇게 세 가지 법칙으로 구성되어 있다. 이를 정리한 그의 책, 『천구의 회전에 관하여』가 출판됐을 때 이를 받아들인 사람들은 매우 제한적이었다. 천문학을 공부하는 사람들이 태양 중심설을 받아들였는데, 그것도 복잡한 지구 중심설로 인해 천체 계산에 질렸던 사람들이 계산의 간단함에 반해 받아들이는 정도였다. 책에 서술되어 있듯이 태양 중심설은 계산상의 편의를 위한 것으로 설정되었기 때문이다.

당시 유럽 사람들 대부분은 태양을 중심으로 지구가 회전한다는 새로운 우주를 받아들이지 않았다. 그들은 하느님이 천지를 창조하면서 태양을 지구에 딸려 주시고 달을 두어 지구의 시중을 들게 했을 뿐만 아니라 당신을 닮은 인간을 창조하시어 살게 했다고 여겼다. 그리고 지구가 우주의 중심에 있다고 생각해서 코페르니쿠스의 태양 중심설은 지구를 일개 하찮은 행성으로 전락시킨다고 생각했다. 태양 중심설은 다윈의 진화론, 프로이드의 정신분석학과 함께 지금도 인간의 존엄성을 추락시킨 3대 명제 중 하나로 꼽히고 있다. 그만큼 많은 반발과 논란을 야기한 이론이었다.

태양 중심설은 이런 종교적인 이유로 어려움을 겪었지만, 실제로도 천문학적, 운동론적으로 몇 가지 치명적인 약점을 가지고 있었다. 대부분의 사람들이 경험한 것과 태양 중심설이 맞지 않았다. 그중 하나는 커다란 지구가 1일 1자전하는 속도를 인간이 전혀 느끼지 못한다는 것이었다. 빠른 원운동을 하는 만큼 인간은 어지러워야 했는데, 전혀 어지러움을 느끼지 못한다. 다른 하나는 1년 365일 동안 태양 주위를 한 바퀴 돌기 위해 지구가 빠르게 원운동 한다면, 인간은 우주로 내팽개쳐져야 했다. 그런데 인간은 땅에서 조금도 떨어지지 않았다. 관련된 문제로 “머리 위로 올려 던져진 물체가 왜 제자리에 떨어지는가”라는 것이 있다. 지구가 공전한다면, 위로 던져진 시간 동안 지구가 앞으로 나가기 때문에 위로 던져진 물체는 뒤로 떨어져야 했다. 또 다른 문제는 지구가 지구축을 중심으로 자전을 하면 자전축의 회전에 따른 연주 시차가 보여야 하는데 이 연주 시차를 전혀 관측할 수 없다는 것이었다. 그리고 코페르니쿠스 자신도 태양이 중심인 우주에서는 아무런 의미도 필요도 없는 천구를 그대로 남겨 유한한 우주로 놔두었고, 지구의 자전과 공전을 등속 원운동으로 생각했다. 이는 천체 운동 계산에 여전히 프톨레마이오스의 수학적 가정인 이심원과 주전원이 필요함을 의미했다.

그럼에도 불구하고 천문학자들에 국한되기는 했지만, 그들은 코페르니쿠스의 이론이 행성 위치 계산을 수월하게 해 주는 탁월한 계산법이라고 받아들였고, 또 그들 중에는 실제 지구가 태양을 중심으로 회전한다고 생각하는 사람들도 생겨났다. 이 사람들은 좀 독특한 사람들이었다. 그 가운데에는 당시 유행했던 신플라톤주의의 영향을 받은 사람도 있었다. 신플라톤주의의 영향을 받은 사람은 태양이 생명의 근원이며 수의 조화로 우주가 구성되었고 따라서 단순함이 최고의 아름다움이라고 여겼다. 그렇다고 이들이 당시 기독교로부터 완전히 자유로웠던 것은 아니다. 그중 한 사람이 바로 갈릴레오 갈릴레이(Galileo Galilei, 1564년~1642년)다.

갈릴레오, 불완전한 우주를 발견하다

갈릴레오는 태양 중심설이 우주의 구조를 설명하는 데에 매우 타당하다고 여겼다. 그는 아리스토텔레스가 주장했던 완전한 하늘 즉, 천상계에 대해 반기를 들었다. 그는 망원경으로 우주가 완전하지 않다는 것을 본 것이다.

망원경이 발명되었다는 사실을 접한 갈릴레오는 1610년 좀 더 효율적인 망원경을 직접 만들었다. 관측하고자 하는 물체를 향하는 대물렌즈를 볼록 렌즈로, 눈에 닿는 접안렌즈는 오목 렌즈로 만든 20배율의 망원경이었다. 그는 이 망원경을 통해 목성에 네 개의 달이 있다는 것을 발견했다. 당시까지 달을 가지고 있는 것은 우주에서 매우 특별한 위치, 즉 우주의 중심인 지구뿐이었다. 달은 지구의 시중을 드는 존재였다. 그런데 목성은 시중을 드는 위성이 네 개나 있었다. 그리고 달 위 세계가 아리스토텔레스의 주장처럼 생성과 소멸, 그리고 아무런 변화가 없는 영원불변의 세계가 아니라는 것도 관측했다. 금성이 달처럼 차고 기우는 변화를 보였고, 심지어 완전하게 둥글다고 알려진 태양마저 흑점이 있었다. 심지어 이 흑점은 이리저리 옮겨 다녔고,

갈릴레오의 망원경

움직임조차 불규칙했다.

그뿐만이 아니었다. 달에 대한 일반적 관념에도 문제가 제기되었다. 지구 중심설에서 달은 천상계와 지상계를 나누는 기준이었다. 달은 둥근 원 모양을 하고 있으며, 완전한 운동인 등속 원운동을 하고, 모양이 변하는 변화를 보이지만 결국 다시 둥근 원으로 되돌아오는 불완전한 운동을 했기에 완전과 불완전, 천상계와 지상계를 구분하는 명쾌한 기준이 될 수 있었다. 그런데 갈릴레오는 달이 완전한 원이 아니라고 주장했다. 그는 달의 표면에는 산도 있고 계곡도 있어 울퉁불퉁하다고 밝혔다.

그리고 별에 대한 이야기도 했다. 별들이 아주 멀리 있다고 주장한 것이다. 별이 가까이 있는 것처럼 보이는 것은 별빛이 퍼져 크게 보이기에 가까이 있다고 느껴지는 것에 불과하다는 이야기였다. 그는 별이 매우 작고 생각보다 아주 멀리 있다는 생각을 펼쳤다. 별들의 거리가 멀리 떨어져 있는 것은 우주가 아주 넓다는 의미였다. 하느님이 만드시고 아리스토텔레스가 생각한 우주는 별들이 박혀 도는 맨 마지막 천구인 종동천을 끝으로 작고 유한했는데 갈릴레오의 우주는 넓고 무한했다.

갈릴레오는 망원경으로 관찰한 우주를 사람들에게 보여 주었다. 아리스토텔레스의 영원불변하고 완전한 우주관이 '관측'에 의해 무너지는 순간이었다. 사람들은 이 망원경으로 완전하지 않은 우주를 보았다. 더 나아가 갈릴레오는 자신이 발견한 목성의 4개 위성을 당시 강력한 영향력과 부를 가지고 있던 메디치가에게 '메디치의 별'이라는 이름을 붙여 헌납했고, 궁중의 지원을 받는 데 성공해 궁중 수학자가 되었다. 이 헌정으로 그는 가난으로부터 벗어나는 데 성공했다. 또 한편으로는 이런 관측 결과로 대중들이 태양 중심설을 받아들이는 여지를 만들기도 했다.

하지만 갈릴레오는 교회로부터 망원경으로 관찰한 바를 더 이상 주장으로 내세우지 말라는 경고를 받았다. 물론 그 자체가 지나치게 논쟁적이기도 했지만, 포기를 몰랐다. 그는 자신이 옳다는 것을 알리기 위해 1611년 위대한 가톨릭 신학자로 알려진 벨라르미노 추기경(Sanctus Roberto Bellarmino, 1542년~1621

년) 등 로마의 교회 고위층을 만나 자신의 의견을 피력했다. 하지만 그의 이런 노력에 돌아온 것은 더 이상 그의 견해를 퍼트리지 말라는, 즉 마술사의 도구인 망원경으로 세상과 사람들을 속이지 말라는 공식적인 권고뿐이었다. 그리고 이런 권고도 그가 참여하지도 않은 재판에서 이루어졌다. 이는 우리가 아는 것처럼 직접 재판정에서 박차고 일어나 "그래도 지구는 돈다."고 독백할 수 없는 상황임을 보여 준다.

갈릴레오의 종교 재판, 과학과 종교 대립에 대한 다른 해석

1623년은 갈릴레오에게 중요했다. 그가 오래전부터 알고 지냈던 사람이 교황으로 추대되어 즉위한 것이다. 갈릴레오와 그의 측근들은 1628년 새 교황에게 아리스토텔레스-프톨레마이오스 우주 구조와 코페르니쿠스 우주 구조에 대한 장단점을 살펴보고 그 이유들을 공정하게 밝혀내는 대화체의 책을 쓸 수 있도록 해 줄 것을 요구했다.

새 교황 우르바노스 8세(Urbanus PP. VIII, 1623년~1644년 재위)는 스스로가 진보적이고 합리적이며 철학적, 과학적으로 탁월하다고 자신했다. 또 명망 있는 갈릴레오가 공정한 입장에서 태양 중심설을 비판할 것으로 여겼다. 이 두 가지 이유로 그는 갈릴레오에게 책을 쓰도록 허가했다. 교황이 이러한 허가를

갈릴레오는 교황의 허가를 계기로 코페르니쿠스 우주 구조의 우수함을 명백히 보여줄 수 있게 되었다고 판단했다. 하지만 그는 끝내 종교 재판에 회부되어 가택 연금에 처해졌다.

내린 것은 사실 교회가 공정하게 고찰하고 여러 의견을 수용한 후에 코페르니쿠스의 우주 구조를 정당하게 금지시켰음을 보이려던 의도에서였다.

하지만 갈릴레오는 다른 생각을 가지고 있었다. 교황의 허가를 계기로 코페르니쿠스 우주 구조의 우수함을 명백히 보여 줄 수 있게 되었다고 판단했다. 이런 갈릴레오의 생각은 교황의 생각과는 전혀 달랐는데, 이런 상황을 모른 채 교회는 심지어 이 책의 내용을 검열도 하지 않은 채 출판시켰다.

이 동상이몽으로 새로운 국면이 전개되었다. 갈릴레오는 1624년경부터 쓰기 시작한 책을 1630년에 완성해 『두 가지 주된 우주 구조들에 관한 대화』라는 제목으로 출판했다. 그는 책의 서두에서 참된 진리는 신만이 아는 것이어서 두 가지 우주 구조, 즉 아리스토텔레스-프톨레마이오스 우주 구조와 코페르니쿠스 우주 구조는 모두 가설에 지나지 않는다고 피력했다. 그리고 진위는 결국 교회 당국이 정하는 바를 다 좇아야 한다고 주장했다. 이런 주장으로 포장된 서두로, 갈릴레오는 자신의 책이 교황청 당국의 철저한 원고 검열을 통과할 수 있게 했다. 하지만 그의 책 내용은 완전히 달랐다.

아리스토텔레스의 주장을 대표하는 심플리치오(Simplicio), 코페르니쿠스의 주장을 대변하는 살비아티(Salviati) 그리고 중립적인 사그레도(Sagredo), 이 세 사람이 대화를 나누는 것을 기록하는 형식인 이 책에서 심플리치오는 완전히 바보였다. 바보였을 뿐만 아니라 편협하고 고집불통으로 억지 주장만을 해대는 아둔하고 어리석은 인물이기도 했다. 반면 살비아티는 논리 정연하고 합리적이며 명쾌하고 세련되게 자신의 주장을 펼쳤다. 심지어 살비아티의 주장에 사그레도가 동조하고, 둘이 합세해서 심플리치오를 조롱하기까지 했으며 그 결과 심플리치오가 설득당하게 된다. 결국 이 책은 독자들로 하여금 코페르니쿠스의 우주 구조가 분명히 옳다는 것을 받아들이도록 했다. 갈릴레오의 뛰어난 문장력에 더해 탁월한 설득력으로 아리스토텔레스의 우주 구조를 믿는 것은 멍청한 일이 되어 버렸다. 이 책은 큰 성공을 거두어서 출판 당시부터 굉장한 인기를 끌었다.

우루바노스 8세는 크게 화가 났다. 종교 개혁으로 가톨릭에 적대적인 개신교의 공격을 방어해야 했고, 또 한편으로는 로마 교회를 압도하는 메디치가와 정치적으로 대응해야 했으며, 스페인과도 패권을 다투는 상황에 처했던 그는 믿었던 갈릴레오에게 마저 뒷통수를 얻어맞은 격이었다. 1633년 교회는 갈릴레오를 소환해 그에게 더 이상 태양 중심설을 옹호하지 못하게 했다. 그런데 갈릴레오는 태양 중심설을 옹호하고 주장했던 다른 학자들이 화형을 당했던 것과는 달리 투옥형을 선고받는 데에 그쳤고 곧 가택 연금으로 형이 줄었다.

갈릴레오는 이런 우호적인 판결에 힘입어 집에서 태양 중심설이 야기한 역학의 문제를 연구할 수 있었고, 그 결과 또 하나의 역서인 『새로운 두 과학에 관한 수학적 증명』을 1638년 출판할 수 있었다. 이 책에는 지구와 태양이 자리를 바꿀 때 설명되지 않는 자연의 현상들, 예를 들면 무거운 물건이 땅으로 떨어지는 현상(지구가 우주의 중심이 아니면, 무거운 것이 땅에 떨어질 이유가 없어진다), 인간이 지구의 회전을 느끼지 못하는 이유 등을 설명했다.

케플러의 법칙, 우주가 등속 원운동을 벗어나다

태양을 중심으로 한 타원 궤도를 제안하다

1543년 코페르니쿠스가 처음 태양 중심설을 제기했을 때에는 태양을 중심으로 지구가 움직인다는 것이 실재라고 받아들인 사람들은 그리 많지 않았다. 대부분 단지 계산상의 편의를 위한 가설이라고 여겼을 정도였다. 하지만 태양 중심설을 접한 독일의 수학자 케플러(Johannes Kepler, 1571년~1630년)는 다른 생각을 했다.

케플러는 1603년에 출판한 『신 천문학』에서 지구가 태양을 중심으로 타원 궤도를 돌고 있다고 주장했다. 이 책은 갈릴레오가 망원경으로 우주의 불완전성을 관찰한 때보다 먼저 출판되었다. 케플러는 태양을 중심으로 타원 회전하는 지구가 동일한 속도, 즉 등속 운동을 하는 것도 아니라고 했다. 이른바 면적 속도 일정의 법칙, 즉 태양 중심으로 지구가 돌 때 휩쓸고 지난 면적이 일정하도록 궤도 상의 지구의 속도가 변하는 운동을 한다는 것이다. 우주의 중심에서 밀려난 지구는 심지어 어떤 때에는 빠르고 어떤 때에는 느린 불규칙하기 이를 데 없고 따라서 질서조차 없어 보이는 운동을 해야 했다. 하지만 케플러의 깔끔한 계산 덕에 우리는 안전한 질서정연한 타원 궤도의 우주속에 살게 되었다. 이는 아리스토텔레스가 정리한 이래 천체 움직임에 관한 중요한 법칙이자 원칙으로 이천 년을 지속했던 '영원하고 불변하며 완전한' 등속 원운동이 깨져 버렸음을 의미한다.

튀코의 선물

케플러가 이런 대담하고 파격적인 주장을 하게 된 것은 그에게 마치 하늘의 선물과도 같았던 튀코 브라헤(Tycho Brahe, 1546년~1601년)의 정확한 천문 관측 자료가 있었기 때문이다. 튀코 브라헤는 탁월한 천문 관측자로, 맨눈으로 카시오페이아

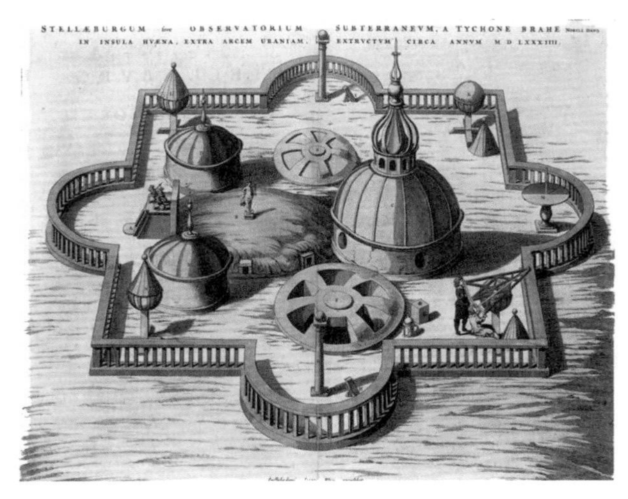

튀코 브라헤의 하늘의 도시(Uraniborg) 천문대

자리에 있는 신성을 발견했고, 더 이상 그 별을 볼 수 없을 때까지 14개월 동안이나 계속 관측해 기록을 남겼을 정도로 정확했다. 그의 눈은 밝았고, 별들의 좌표에 관한 기억력은 놀라웠다. 1576년 덴마크 왕 프레데릭 2세(Frederick II, 1534년~1588년)는 당대 추종을 불허했던 그의 관측 능력을 높이 평가하여, '하늘의 도시(Uraniborg)'라는 이름의 천문대를 세울 수 있도록 경제적 지원을 아끼지 않았다.

이와 같은 후원에 힘입어 튀코는 이 천문대에서 가장 정확한 데이터들을 얻어 냈다. 그 가운데 하나가 1577년에 혜성이 대기 현상이 아님을 발견한 일이었다. 천문대 설립 이전인 1572년, 하늘에서 새로운 별이 생겨난 것을 발견했던 튀코는 혜성이 달 아래 세계의 기상 현상이라고 알려진 것과는 달리, 달을 기준으로 한 그 위 세계의 움직임이라는 사실을 발견하면서 이천 년 동안 고수되었던 천상계와 지상계의 구분을 의심하지 않을 수 없었다. 사실 그의 발견은 아리스토텔레스의 달 윗 세계-달 아래 세계의 엄격한 구분을 해체시키는 일이었다.

이런 위대한 발견에도 불구하고 그는 코페르니쿠스의 우주 구조를 받아들이지 않았다. 그 이유는 지구가 태양 주위를 돌고 있다면 반드시 있어야 할 시차(parallax)를 어떤 방법으로도 관측할 수 없었기 때문이다. 튀코의 생각에 따르면 지구가 하늘에서 움직여 관측 위치가 달라져도 별들의 시차를 볼 수 없다면, 지구는 움직이지 않는 것이 맞았다. 튀코가 시차를 발견할 수 없었던 것은 사실 별들이 너무 멀었기 때문이다.

시차가 처음 발표된 것은 한참 후인 1838년의 일이었다. 백조자리 61번 별의 시차로 이를 측정한 프리드리히 베셀(Friedrich Wilhelm Bessel, 1784년~1846년)은 이 시차가 0.3136초이며, 이를 근거로 별까지 거리가 무려 10.6광년이라고 주장했다. 지금 관측 결과인 11.2광년과 아주 작은 차이를 보이지만, 그 차이라는 것도 빛의 속도로 6개월을 더 가야 하는 것이다. 아무리 탁월한 관측자인 튀코라도 맨눈으로 0.3136초의 시차를 관측하는 것은 불가능했다. 이를 관측하기에 우주는 광활했고, 하늘의 별은 너무 멀었다.

케플러, 8분의 오차를 견디지 못하다

비록 튀코가 시차를 발견할 수 없어서 지구 중심설을 믿었다고 하더라도 그의 관측 자료가 당시로서는 매우 정밀했음은 두말할 나위 없었다. 튀코의 천문대에서 일했던 케플러는 튀코가 갑자기 죽고난 뒤, 천문대 대장이 되었다. 코페르니쿠스의 영향으로 태양 중심설을 수용했을 뿐만 아니라 그 가설을 강력하게 주장하기 시작한 케플러는 태양 중심설을 지지하기 위해 튀코의 관측 자료들을 근거로 사용했다. 그는 화성의 움직임을 계산하면서 튀코의 관측 자료와 자신의 계산 결과에 8분의 오차가 생기는 것을 알아냈다. 튀코의 관측 자료나 자신의 계산 실력 둘 다 의심할 수 없었던 케플러는 낙담했고, 잠시 머리를 식히기 위해 고대의 어렵기로 유명한 수학책 『원추곡선론』을 봤다고 한다. '심심풀이' 삼아 말이다.

케플러는 이 고대 수학자가 쓴 책을 읽으면서 그가 직면했던 문제를 해결할 기가 막힌 방법을 발견했다. 그것은 등속 원운동을 포기하는 것이었다. 고대로부터 완벽한 운동으로 받아 들여지고 코페르니쿠스조차 포기하지 못했던 운동을 놔 버리는 것이었다. 대신 타원 운동을 대입시키면 문제가 해결되는 것을 보았다. 타원은 두 개의 평면 위에 정해진 점에서 거리의 합이 언제나 일정하게 되는 점들의 집합인데, 케플러는 이 타원 위의 점

하나를 태양으로 두고 지구가 타원 위를 좇아 운동하는 모형을 생각해 냈다. 이때 지구는 태양을 중심으로 도는 것과 같은 속도로 도는 것이 아니라 운동하는 지구와 태양과의 사이에 면적이 같아지는 불규칙한 운동을 했다.

이런 모형으로 화성 운동의 8분의 오차를 없앴고 이심원이니 주전원이니 하는 수학적 가설도 사라졌다. 그리고 너무나 단순해서 아름다운 우주 구조가 만들어졌다. 수학적이며 매력적인 우주가 펼쳐졌다.

케플러의 타원 궤도, 이를 어찌할 것인가

케플러가 보여 준 우주는 정말 간단한 수학적 아름다움으로 가득 차 있었다. 하지만 문제가 없었던 것은 아니었다. 무엇보다 타원 궤도를 지구가 항상 같은 속도도 아닌 '면적 속도 일정의 법칙'으로 돈다는 듣도 보도 못한 주장 때문이었다. 태양을 타원의 한 중심으로 지구가 지날 때 생기는 면적이 일정하도록 돌다 보면, 지구는 어떤 때는 엄청 느리게, 어떤 때는 빠르게 지나야만 했다. 들쭉날쭉, 갈팡질팡 속도로 지구가 움직인다니. 이런 무질서와 부조화가 어디 있다는 것인가. 사람들이 한탄하지 않을 수 없었고 이런 운동이 존재한다는 것을 믿을 수도 없었다.

그들 가운데 가장 유명한 사람은 갈릴레오였다. 그는 이 부등

퉈코의 관측 자료나 자신의 계산 실력 둘 다 의심할 수 없었던 케플러는 낙담했고, 잠시 머리를 식히기 위해 고대의 어렵기로 유명한 수학책 『원추곡선론』을 봤다고 한다. 그리고 타원 궤도 운동을 지구의 운동에 적용했고 성공을 거두었다.

속 타원 운동을 말도 안 된다고 생각했다. 그는 여전히 아름다운 천체의 영원한 등속 원운동을 믿었다. 그리고 이런 믿음으로 무지무지하게 큰 원 위를 등속으로 운동하는 물체는 외부에서 충격이나 힘이 가해지지 않는다면 자신의 운동을 지속한다는 관성을 이야기했다.

대세는 케플러

그럼에도 이심원이나 주전원 같은 수학적 가정이 사라진 우주는 천문학자나 물리학자들을 매료시켰다. 하지만 이를 받아들이기 위해서는 무엇보다 '무엇이 이 부등속 타원 운동을 하게 하는가'라는 문제를 해결해야 했다. 등속 원운동은 이 세상이 만들어지면서 주어진 처음 운동이 계속 변하지 않고 영원토록 그 운동이 지속될 수 있어 보였다. 하지만 타원 위를 빨라졌다 느려졌다 하는 불규칙한 운동은 영원할 수 없어 보였다. 그러므로 이 운동이 지속할 것이라는 믿음의 근거를 제시해야 했는데, 그것은 바로 무엇이 이런 이상한 운동을 하게 하는가와 연결되어 있었다. 이를 알아내면, 우주는 이 수학적인 아름다운 운동을 계속할 것으로 보였고, 더 나아가 이 문제를 해결하는 사람은 영원토록 불변의 이름을 남길 수 있을 터였다.

먼저 케플러가 부등속 타원 운동을 하게 만드는 힘을 규명하려 시도했다. 그는 당시 발표된 길버트(William Gilbert, 1544년~1603년)의 『자석에 대해서』를 이 운동에 끌어들였다. 마치 (-)와 (+)로 이루어진 자석 주변에 뿌려진 쇳가루들이 길쭉한 타원 모양을 이루듯 태양에서 나오는 자기적 힘이 행성을 타원 모양으로 돌게 한다고 설명했다. 또 유명한 수학자이자 철학자인 데카르트는 우주에 꽉 차 있는 물질의 끊임없는 회오리 운동에 의한 것이라고 주장하기도 했다. 현미경을 개량하고 세포라는 말을 처음 썼으며, 용수철의 길이와 힘의 관련성도 밝힌 로버트 훅(Robert Hooke, 1635년~1703년)은 두 물체 사이에 역제곱 법칙이 존재한다고 주장하기도 했다. 역제곱 법칙은 뉴턴(Sir Isaac Newton, 1643년~1727년)이 했던 만유인력의 법칙과 너무나 흡사한 주장으로, 훅은 뉴턴이 만유인력을 발표했을 때 뉴턴이 자신의 아이디어를 훔쳤다고 노발대발하며 우선권 논쟁을 벌였다.

하지만 대부분의 사람들은 뉴턴의 손을 들어 주었다. 그 이유는 뉴턴이 떨어진 두 물체 사이에 존재하는 만유인력을 수학적으로 기술하는 데 성공했기 때문이었다. 뉴턴은 알려진 대로 천문학 혁명과 코페르니쿠스 이래 헝클어지고 붕괴되었던 지상계의 운동을 관성의 법칙, 가속도의 법칙, 작용 반작용의 법칙이라 불리는 역학 법칙으로 정리함으로써 역학 혁명도 완성했다. 사실 이 운동의 법칙은 만유인력을 수학적으로 기술하는 데 중요한 바탕이었고, 결국 우주나 지상이나 같은 수학식으로 기술되는 힘이 존재함을 보인 것이다. 누군가는 천상계와 지상계를 통합했다고 주장하기도 했다.

뉴턴, 만유인력을 발견하다

떨어진 사과로 영감을 얻었다고??

사람들은 뉴턴이 사과나무 아래에서 떨어지는 사과에서 영감을 얻어 이 문제를 고민하고 법칙을 만들었다고 한다. 하지만 타원 궤도로 태양의 중심을 도는 행성계라는 당대 과학계 최대의 난제는 사과의 낙하 운동으로 설명될 만큼 간단하지 않았다. 뉴턴은 이 운동이 가능하게 한 방식과 관련한 운동들을 하나하나 당대의 과학자들이 수긍할 수 있도록 정리하고 논증하는 작업을 함께해야 했다. 이 작업은 운동들을 설명하는 데에 필요한 명제들을 하나하나 꼼꼼히 기하학적으로 증명하고, 라틴어로 서술하는 일을 의미했다. 3년에 걸친 연구 끝에 그는 『자연 철학의 수학적 원리』라는 방대한 책을 서술하여 편찬했다.

그렇다면 사과의 신화는 무엇인가? 불친절하고 퉁명스러우며, 말하기 싫어하고 사람들과 사귀는 것도 귀찮아 하는 자타공인 천재로 유명한 뉴턴이 아무나 시도 때도 없이 물어 대는, "어떻게 그렇게 위대한 일을 할 수 있었는가?"라는 질문에 "사과가 떨어지는 것을 보고."라고 간단하게 대답한 것이 마치 신화처럼 전해졌다고 할 수 있다. 하지만 당시 자연을 연구한다는 사람들

뉴턴이 사과가
떨어지는 것을 본 곳

은 누구나 다 타원 궤도를 가능하게 하는 힘을 밝혀내면, 위대한 과학자로 천 년 이상의 명예를 누릴 것이라는 것을 알고 있었다. 물론 뉴턴 역시 마찬가지였다. 그는 이 작업을 말 한마디, 아이디어 하나를 제시하는 차원에서 벗어나 철저히 수학적 증명을 통해 이루어 냈다. 그 결과 그는 인류를 빛낸 최고의 과학자 반열에 오르게 됐다.

새로운 질서로 혼란을 잠재우다

1687년 인류 역사에서 가장 위대한 책이자 가장 어렵고 가장 이해하기 힘든 책 중 하나인 『자연 철학의 수학적 원리』가 출간되었다.

이 책이 위대한 이유는 태양 중심의 행성계 운동인 부등속 타원 운동을 수학적으로 서술함으로써 약 150년 전 코페르니쿠스가 제기한 태양 중심설에 의한 혼란을 정리하고 예측 가능한 질서를 자연에 부여했다는 데에 있다. 책을 읽고 이해하는 차원에서가 아니라 이 책은 적어도 우주는 무너지지 않을 것이라는 안도감을 제공한 것이다.

당시 주전원과 이심원이 사라진 간결한 우주에 타원 궤도가 나타났고 사람들은 무엇이 이 운동을 하게 하는지, 이 가당치 않은 운동이 영원하기는 한 것인지 궁금했다. 더불어 '무거운 것은 아래로, 가벼운 것은 위로'로 표현되는 물체 본성에 의한 운동, 즉 아리스토텔레스의 자연스러운 운동에 대한 관념도 태양 중심설과 더불어 사라졌다. 운동은 도대체 왜 일어나는가? 그 해답을 찾기 위해 17세기의 과학 세계는 혼돈의 시절을 보내야 했다.

이런 혼란을 뉴턴은 만유인력이라는 아름다운 수학 공식을 제안하면서 정리했다. 그로부터 인간은 새로운 질서의 조화로운 세계에서 살아갈 수 있게 되었다. 심지어 이 수학 공식은 천상계와 지상계의 운동을 한꺼번에 모두 서술하는 포괄성마저 획득하게 되었다. 더 이상 자연은 혼돈스럽지도 무질서하지도 않았고, 이해 불가능하지도 않았다. 심지어 자연의 움직임을 예측할 수 있었다. 그것도 가장 정확해 보이는 수학으로 말이다.

이해한 사람 나와 봐라, 『자연 철학의 수학적 원리』

하지만 인류 이성의 산물이자 인간의 영원한 진보를 담았다고 평가된 이 위대한 책 『자연 철학의 수학적 원리』는 호락호락하게 읽히는 책이 아니었다. 이 책의 저자 뉴턴은 앞서도 이야기했지만 이 책을 기하학 바탕으로 하여 라틴어로 썼다. 특히 기하학은 『기하원론』에서 시작했다. 고대로부터 수학의 성경이라 알려진 이 책은 점, 선, 면, 각, 삼각형, 사각형, 원 등 각종 기하

이 책 『자연 철학의 수학적 원리』를 쓰면서 뉴턴은 자신의 이론들을 정리해 나갔다. 그렇게 정리한 내용들을 보며, 또 하나의 대단한 이론인 만유인력을 유도했다. 그로부터 인간은 새로운 질서의 조화로운 세계에서 살아갈 수 있게 되었다.

학 기초와 관련된 용어 및 도형의 정의와 공리들을 설명하고, 관련된 명제들을 정의했다. 이를 토대로 다양한 명제를 논리적으로 증명해 냈다.

『자연 철학의 수학적 원리』는 원과 타원, 쌍곡선 등 다양한 원을 정의하고 특징을 정리했다. 여기에는 포물선도 포함되었다. 이와 같이 기하에 관한 공들인 정리와 증명을 토대로 그는 만유인력을 유도했다. 이 유도도 세 가지의 운동 법칙을 기하학적으로 정리한 이후에 이루어졌다.

뉴턴은 이 모든 것을 지금 우리가 아는 바와 같은 함수 형태가 아닌 매 순간 필요한 명제들의 기하를 통한 증명과 유도로 써냈다. 특히 제2법칙인 가속도의 법칙으로 제1법칙인 관성의 법칙이나 제3법칙인 작용 반작용의 법칙을 모두 설명할 수 있었다. 그럼에도 그는 굳이 이를 세 개로 구분해 설명하는 복잡함을 취했다. 이는 상관관계를 몰랐기 때문이 아니라 당시 압도적으로 큰 영향력을 떨치고 있던 데카르트의 입자와 그 순간적 충돌에 의한 운동의 문제를 지적하기 위해서였다.

데카르트는 세상 만물의 변화와 운동을 만들어 내는 이 충돌이 시간과 관련 없다고 가정했고 자연을 이루는 물질들의 충돌 과정을 보여 주는 관련 운동 법칙을 10가지나 제안했다. 데카르트의 이 충돌 운동 관련 법칙은 아리스토텔레스의 유기적으로 맞물린 아름다운 자연 설명 체계를 대체하겠다는 의지를 담고 있었다. 그가 제시한 크고 작은 물질들의 빠르고 느린 운동의 세계는 기계처럼 모든 현상을 이성적으로 설명할 수 있는 것처럼 보였지만, 그의 충돌 법칙 자체는 오류 투성이었다. 그가 제시한 법칙 가운데 실제적으로 맞는 것은 같은 크기, 같은 속력의 두 물질이 부딪쳤을 때의 운동이나, 크고 작은 물질들이 서로 부딪혔을 때 큰 물질에 흡수되어 큰 물질의 운동을 계속하는 작은 물질의 운동 정도밖에 없었다.

이런 오류에도 불구하고 당시 학자들이 데카르트의 논의를 받아들인 것은 바로 자연을 기계처럼 잘게 나누고 분석할 수 있는 토대를 제공했기 때문이다. 하지만 뉴턴은 데카르트의 주장을 다르게 접근했다. 그는 데카르트의 가정이 수학적으로 거짓임을, 자연의 운동은 시간과 관련되어 있음을 조목조목 제시하면서 밝혔다. 뉴턴의 이런 설명은 꽉 찬 세계에 대한 명백한 부정이었다. 바로 당대 거물인 데카르트를 의식해야 했던 상황이 그가 책을 이해하기 어렵게 쓴 배경이었다.

만유인력? 르네상스의 마술이 부활하다니!

뉴턴이 생각한 자연은 꽉 차 있지 않았다. 그의 만유인력은 떨어진 물체 사이에 존재하는 힘으로 입자와 입자, 행성과 태양 간의 힘이 작동하기 위해서는 어떤 다른 입자나 행성이 끼어들어서는 안 되었다. 그렇다면 지구와 태양 사이는 비어 있다는 말이고, 중력으로 얘기하자면 중력이 작동하는 지구와 물체 사이에 아무 것도 존재해서는 안 된다는 말이었다.

사실 뉴턴이 생각한 이런 비어 있는 공간은 아리스토텔레스와 기독교가 그토록 싫어했던 진공이었다. 진공이 존재 가능성은 아리스토텔레스의 자연 설명을 거부하는 일이었다. 이런 거부의 움직임이 힘을 가지게 된 것은 기본적으로 르네상스 시대에 부활된 고대 그리스와 로마의 문헌들 덕분이다. 인간 중심으로 사유할 것을 주장하는 르네상스는 원죄를 강조하는 중세 기독교와 전혀 다른 분위기를 만들기도 했지만, 이때 수많은 고대 그리스 문헌들이 끊임없이 발굴되고 광범위하게 읽히면서 자연세계에 뿌리내렸던 아리스토텔레스의 권위를 없애 버리기도 했다. 르네상스 사람들은 각종 상징과 기호를 만들어 자연에 가득한 마술적 힘을 드러내려 했고, 실제 힘을 행사하기를 원했다. 그들에 의하면 우주와 인간, 자연 세계와 인간이 신비한 힘으로 묶여 있어 서로 힘을 가하고 작용을 주고받았다.

17세기, 매우 이성적이고 논리적이며 합리적이고 심지어 수학적이었던 당시 자연 철학자들은 르네상스의 학문적 유산이 탐탁지 않았다. 르네상스의 고전을 연구하는 학문 활동이 아리스토텔레스의 자연 철학의 수많은 문제점을 지적하고 거부하게 한 것은 환영할 만했지만, 이로 인해 혼란스러워진 자연은 삶을 영위하기에 불안했고 심지어 공포스러웠다. 안정감을 부여할 새로운 자연 설명 체계가 필요해졌지만 그것이 르네상스의 신비롭고 마술적인 설명 방식이어서는 안 되었다. 그것은 인간을 원시 시대로 되돌리는 것과 같았다. 아리스토텔레스를 대체할 설명 방식은 그보다 더 논리적이고 합리적이며 완벽하게 자연에 질서를 부여하며 이성적으로 모든 자연 현상을 설명하고 미래 현상을 예측해 낼 수 있어야 했다. 이를 데카르트가 확립했다고 받아들였다. 사실 데카르트의 자연은 지금의 우리가 자연을 설명할 때 근거가 되기도 한다. 신적이든 영적이든 초월적인 힘이 절대 끼어들지 못하는 마치 기계 같은 자연, 그리고 끼어들 여지가 없는 꽉 찬 자연, 모든 현상을 물질과 그것의 운동만으로 설명되는 합리적인 자연, 모든 현상을 기계처럼 조각조각 분해해 분석하고 설명할 수 있다고 생각하는 자연, 이 기본적 토대를 제시한 사람이 바로 데카르트였기 때문이다.

하지만 뉴턴은 데카르트가 추방했다고 믿은 신비한 힘을 다시 자연으로 불러들였다. 물체가 떨어져 있는데 서로 힘을 미친다고 주장한 것이다. 떨어져 있는데 서로 미칠 수 있는 힘은 마술사의 '수리수리마수리' 밖에 없었다. 그런데 뉴턴은 그 힘을 가장 이성적이고 믿음직스럽다고 여겨진 수학으로 기술하기까지 했다. 유럽의 학자들은 논증하고 기술한 뉴턴의 수학과 이성의 능력을 거부할 수는 없었지만, 그 힘 자체를 받아들일 수 없었다. 뉴턴의 만유인력을 수학적으로 편리한 방법으로 받아들이기는 했지만 존재는 인정하지 않는 편의적인 태도를 취했다.

자연에는 진공이 존재한다

뉴턴이 비어 있는 공간을 사이에 둔 입자, 행성을 생각할 수 있었던 것은 그가 '최후의 연금술사'였기 때문일 수 있다. 또 어찌 보면 그가 진공과 관련한 중세 이래의 종교적 논쟁에도 관심을 가지며 성서를 다시 해석해 내려 했기 때문일 수 있다. 특히 진공은 논쟁적 사안이었다. 진공이 자연 세계에 있을 수 없다고 주장한 아리스토텔레스에 대해 중세의 기독교는 전지전능하신 하느님이 원한다면 진공을 만들 수 있다고 주장했다. 진공은 영원불멸이나 부활이나 기적과 같은 명제들과 마찬가지로 중세 대학과 교회 사이의 끊이지 않은 논쟁 주제였다. 이런 논쟁에 뉴턴은 어찌 보면 하나의 마침표를 찍은 것과 같았다.

이런 마침표는 뉴턴이 매우 독특하게 자연을 해석하고 있었기 때문일 수 있다. 데카르트는 기계적인 자연은 창조주이자 완벽한 시계 제작자 같은 신이 더 이상 개입하지 않아도 되는 세계로 보았다. 하지만 뉴턴은 혜성을 관찰하며 혜성의 운동을 수학적으로 정리하고 주기성을 밝히면서 혜성을 전지전능한 신이 자연에 간섭하기 위한 중개자로 내세웠다. 뉴턴은 전지전능한 신도 가끔 자기가 만든 시계에 태엽을 감듯이 개입하기를 원한다는 입장이었다. 데카르트의 주장을 받아들였던 사람들은 뉴턴의 이런 자연을 받아들이기가 쉽지 않았다. 그들이 보기에 뉴턴의 자연은 말 그대로 르네상스로의 회귀였다.

만유인력, 인간 이성의 무한한 진보로 읽히다

떨어진 두 물체 사이에 작용한 힘, 뉴턴의 만유인력을 유럽 대륙의 지성들이 받아들인 것은 이 과학 이론이 현상을 정확하고 완벽하게 설명하거나, 미래를 탁월하게 예측했기 때문이 아니었다. 과학과는 전혀 관련 없는 사회의 독특한 분위기 때문이었다. 평민이 귀족이 되는 사회, 왕족이 아님에도 왕실 사원에 안치되는 개방성, 이런 사회가 가진 발전, 인간 이성에의 믿음 등, 만유인력을 제안하고 받아들인 사회에 대한 문화적 충격과 이를 수용하려는 사회 운동의 일환으로 뉴턴 과학이 받아들여졌던 것이다.

이에 앞장섰던 사람은 귀족의 핍박을 피해 런던에 망명 갔던 프랑스 작가 볼테르(Voltaire, 1694년~1778년)였다. 런던에 도착하자마자 볼테르가 목격한 것은 뉴턴의 장례식이었다. 그는 민주적이고 진보적이며 합리적이고 이성적인 런던에는 있고, 미신과 독단과 편견과 무지가 판치는 파리에는 없는 핵심으로 뉴턴의 과학을 꼽았다. 더 나아가 그는 뉴턴의 과학에서 합리적 이성으로 인류가 무한한 진보를 이룰 수 있는 가능성을 꿈꾸며 프랑스에 뉴턴의 과학을 전하는 데에 몰두했다. 그 결과 프랑스에 계몽주의가 꽃피었다. 물론 그 중심에는 진보와 합리적 이성과 인간의 무한한 발전을 약속하는 듯 한 뉴턴의 과학이 자리잡고 있었으며, 이 계몽 운동의 흐름과 함께 만유인력은 유럽 전역으로 확산되어 우주 질서와 지구의 운동을 설명하는 원리가 될 수 있었다.

오랜 숙제인 자연의 근본 물질을 찾다

세상 만물의 첫 물질

신이 세계를 창조했다면 '자연이 무엇으로 만들어졌고, 어떤 변화를 하고, 나는 어떻게 생겨 났는가' 하고 질문할 이유가 없다. 신의 의지대로, 신의 생각대로, 신의 마음대로 만들어졌을 테니까. 하지만 신이 자연을 창조하지 않은 사회였던 기원전 7세기 즈음, 동서양을 막론하고 태초의 물질, 혹은 만물의 근원에 대한 질문이 제기되었다. 그리스에서도 마찬가지였다. 이는 그 이후로도 인류의 머릿속을 맴돌았다. 이 풀리지 않은 문제는 '원자'라고 하는 기본 물질이 알려지고 수용되면서 큰 전환점을 이루었다.

기원전 7세기, 그리스의 탈레스는 자연의 근본 물질이 '물'이라고 선언했다. 그 이래 철학자들은 이 생각을 발전시키면서 '근본 물질로부터 시작한 변화무쌍한 자연에 이른 변화'를 설명하려 했다. 자연을 설명하는 데에서 신이 할 일이 없어졌다. 물론 기독교가 유럽을 지배했던 천 년 동안은 제외하고 말이다.

'만물을 이루는 최초의 물질은 무엇일까? 자연은 어떻게 생겨나서 변화하고 있는가? 실제로 변화하는가? 변하지 않는 것을 인간이 변한다고 생각하는 것인가?'라는 문제들이 인간을 끊임없이 괴롭혔다.

원자에 주목하다

이런 근원적인 질문에 고대 동양 철학자들이 '음양오행', '기'라는 자연물의 유사한 특성을 아우르는 범주를 제시했다. 그리고 고대 그리스 철학자들은 '물'과 비물질인 '아페이온', '수'라는 답을 내놓았다. 시간이 흐르고 생각들이 쌓이면서 고대 사색가들은 '물, 흙, 불, 공기' 이 네 가지 원소가 자연 물질의 기원을 이룬다는 점에 동의하기 시작했다. 그리고 만물이 변한다는 데에도 합의했다. 만물이 변하는 방향이 있다는 제한을 두기는 했지만 말이다.

물론 고대 그리스 철학자들 가운데 모든 사람이 이에 동의한 것은 아니었다. 예를 들면 데모크리토스(Democritos, B.C 470년~B.C 370년)는 자연의 모든 물질이 아주 작은 입자들로 구성되어 있다고 했다. 그리고 이 입자들은 상상조차 할 수 없을 정도로 작아서 더 이상 나누어질 수 없다고 주장했다. 그는 이를 원자(atom)라고 불렀는데, 원자, 'atom'은 그리스어로 더 이상 나누어지지 않는다는 뜻이다.

데모크리토스가 아주 일찌감치 원자론을 주장했지만 그는 원자에 대한 어떠한 증거도 제시할 수 없었다. 그 당시 사람들은 이를 뜬금없다고 생각했다. 원자론을 단지 상상과 추측에서 나온 주장이라고 보았다. 데모크리토스는 벌거벗은 채 거리를 돌아다니거나 분수에 소변을 보는 등의 망측하고 무례한 행동을 서슴지 않았기에 그의 말을 믿는 사람도 별로 없었다. 이런 이상한 짓을 일삼는 자의 말에 귀 기울이는 일 자체를 가치 없다고 여겼다. 무엇보다도 인간의 행복과 불행, 슬픔과 기쁨, 전쟁의 승리와 패배, 이 모든 것을 신이 좌우한다고 믿던 그 시대에 세상의 만물이 단지 조그만 조각들과 그것의 운동에 의해 만들어진다는 그의 주장은 신 자체를 부정하는 태도라 여겨져서 받아들이기 어려웠다. 무엇보다 고대 자연관과 운동을 집대성한 아

초상화 속 데모크리토스의 모습에서 괴짜스러움과 장난끼가 돋보인다. 그는 인간의 행복과 불행, 슬픔과 기쁨, 전쟁의 승리와 패배, 이 모든 것을 신이 좌우한다고 믿던 그 시대에 세상의 만물이 단지 조그만 조각들과 그것의 운동에 의해 만들어진다고 했다. 그의 주장이 거부되는 것은 당연했다.

리스토텔레스가 그의 생각을 완전히 거부했다. 데모크리토스의 원자론은 그렇게 사람들의 기억 속에서 사라져 갔다.

데모크리토스를 다시 기억해 내다

데모크리토스의 원자론이 다시 사람들의 입에 오르내리기 시작한 것은 15, 16세기 르네상스 시기였다. 자연 현상을 설명했던 고대 그리스의 아리스토텔레스 체계를 12세기 이후부터 다시 연구하기 시작해 대부분 학습하고 이해했던 시기였고, 이 설명 체계가 자연 현상을 제대로 설명하기에 문제가 있음도 깨달았던 때였다. 그들은 이슬람 사람들이 고대 그리스 철학자들의 문헌을 잘못 번역한 데에서 이런 문제가 발생했다고 생각했다. 그래서 그들은 고대 문헌들을 찾으려 했고, 이를 다시 연구했다. 고대 원본을 발굴하는 가운데 아리스토텔레스의 문헌들 이외에 잊혔던 고대 그리스 학자들의 문헌들이 대거 발견되었다. 원자론도 그 가운데 하나였다.

원자론의 중심 생각, 즉 자연의 기원과 변화 원인에 신이 아무런 역할을 하지 않는다는 무신론은 특히 기독교가 지배했던 당시 사회에서는 위험하기 그지없는 생각이었다. 그럼에도 자연 변화를 설명하는데 어떤 가정이나 신과 같은 설정도 없는 이 깔끔한 설명에 혹한 사람들이 있었다. 그들은 성경의 말씀에 반하지만 좀 더 명쾌하게 자연 변화를 설명하는 원자론의 유혹을 거부하지 못했다.

데카르트나 보일처럼 당대의 유명한 학자들은 이 원자론을 자연의 생성과 변화를 '물질과 그것의 운동'으로 설명하는 체계와 같은 것으로 수용하기도 했다. 데카르트는 아리스토텔레스의 자연 설명 체계를 대체할 새로운 체계를 세워 성공했다고 믿었고, 보일은 기체 특성에 관한 실험들을 통해 원자론을 입증했다고까지 믿었다. 그들 자신만 믿은 것이 아니라 당대 다른 자연철학자들도 그렇게 받아들였다.

원자론 수용을 위한 머나먼 길

아무런 특성 없는 '물질'이 자연의 모든 생성과 소멸, 변화를 이끈다는 당대 탁월한 학자들의 주장은 여러 추론과 실험을 바탕으로 했음에도 여전히 위험했다. 이 주장을 전면적으로 수용하기 위해서는 몇 가지 문제, 예를 들면 자연스러운 운동과 관련한 자연관이나 자연을 있는 그대로만 관찰해야 한다는 과학 연구의 규범과 같은 당대의 주류 과학관의 전면 수정이 불가피했다. 더욱이 이 자연관은 12세기 유럽에 다시 소개되면서 신학과 밀접하게 연결되었다. 따라서 가장 중요하게 해결해야 하고 극복해야할 문제는 '자연의 변화와 운동에 신이 아무런 일을 하지 않는다'는 사실을 받아들이는 것이었다. 또 아리스토텔레스의 자연 철학 체계가 자연의 설명에 더 이상 맞지 않음을 수용해야 했다. 그리고 자연을 이루는 물질이 더 이상 4원소에 의한 것이 아니라는 점에도 수긍해야 했고, 이와 관련한 증거들을 제시해야 했다. 이를 위한 작업들이 17, 18세기를 거쳐 과학의 전분야에 걸쳐 진행되었으며 다음 세대인 18세기 말 19세기 초에야 데모크리토스가 이야기한 아주 작은 입자, 원자가 자연의 기본 물질임을 밝히는 작업이 전개될 수 있었다.

근대 원자론을 제시한 사람은 기상학 분야에서 연구 업적을 쌓은 돌턴(John Dalton, 1766년~1844년)이었다. 그는 보일의 공기 압력 실험 이래 축적된 물질의 원자적 성질에 대한 증거들을 중요하게 활용했다. 그 증거들 가운데에는 고대 그리스 이래 근본 물질의 하나로 지위를 굳건히 지켰던 물도 실은 수소와 산소의 화합물이라는 사실도 있었다. 돌턴은 이런 업적들 위에 자신의 기체와 관련한 실험 결과를 얹어 1808년 원자론이라는 가설을 제시했다.

돌턴의 원자론은 근본적으로 '모든 물질은 매우 작고 쪼갤 수 없는 입자들로 구성되어 있다'는 고대 그리스 철학자 데모크리토스의 주장으로 되돌아간 것이었다. 심지어 데모크리토스의 'atom'이라는 단어를 그대로 사용했다. 하지만 서로 다른 두 시대의 두 사람 사이에는 확실한 차이가 있었다. 가장 대표적인 것

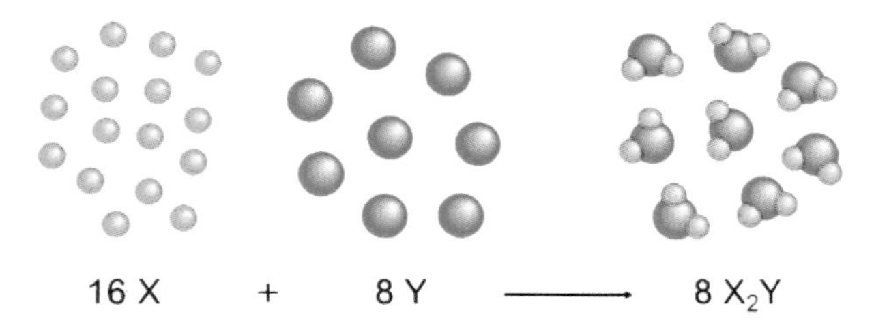

현재 우리가 아는 "산소와 수소의 결합으로서의 물" 이라는 이해는 돌턴이 '질량' 에 초점을 맞춤으로써 원자의 구조에 대한 이해로 지평을 넓혔기에 가능했다.

은 고대인이 아무런 증거 없이 추론만을 제기했다면 근대 기상학자는 150년간 축적된 세밀한 화학적 증거와 압력과 부피에 관한 물리적 성과를 제시했다는 것이다.

또 데모크리토스가 원자의 모양에 주목해 원자들마다 모양이 서로 다를 것이라고 가정한 데 반해, 돌턴은 모양보다는 크기와 질량에 주목했다. 그는 세상 만물은 원자라고 부르는, 더 나뉠 수 없는 작은 입자로 구성되어 있고, 같은 원자들은 크기와 질량이 동일하며, 같은 성질들을 갖고 있고, 하나 이상의 원소들로 구성된 화합물들은 일정한 작은 정수비로 결합되어 있다고 밝혔다. 그의 주장의 핵심은 같은 원자는 특별한 성질을 가지며 각각 다른 원자들은 서로 무게가 다르다는 것이었다.

또 돌턴은 '원자를 연구하는 일은 곧 원자의 질량을 다루는 일' 임을 명확하게 했다. 그는 "8그램의 산소가 1그램의 수소와 결합해 9그램의 물을 만든다. 하나의 산소와 하나의 수소가 결합해 물이 형성된다고 생각하자. 이 경우 하나의 산소는 하나의 수소보다 8배의 무게를 가질 것이다. 만약 수소가 원자 질량이 1이라면 산소는 8일 것이다."는 식이었다. 물론 그의 물 분자 설명이 현재 우리가 아는 '두 개의 수소 원자와 한 개의 산소 원자가 결합해 물 분자 하나를 만든다'는 것과는 다르지만, 그는 원자론을 '질량'에 초점을 맞춤으로써 원자의 구조에 대한 이해로 지평을 넓히는 데에 기여했다.

만물의 근원으로서의 물질을 설명하는 원자론은 수용되는 데에 2천 년이 훨씬 넘는 세월이 걸렸다. 하지만 원자론이 거부되는 데에는 불과 100년도 걸리지 않았다. 19세기 말에 이르면 '더 이상 나뉘지 않는다'는 원자는 전자와 핵으로 구성되어 있음이 여러 실험을 통해 밝혀졌고, 또 원자 내부에 핵 이외에도 다양한 종류의 입자가 존재한다는 것도 밝혀지기 시작했다.

그리고 이를 바탕으로 무게가 다른 원자들, 즉 각각의 원자들이 만드는 화합물 생성의 기제가 정비되었다. 물질의 생성과 분해에 개입되는 원소, 에너지, 생성을 촉진시키는 물질, 지연시키는 물질 등등 자연 민물의 생성과 변화와 관련한 체계적인 원리들이 축적될 수 있었다.

이제 만물은 신에 의해서도, 자연스러운 운동의 결과 때문도 아닌, 원자들의 기계적인 결합과 분해에 의해 만들어지는 세상으로 진입했다. 이는 실험실에서 예측 가능한 방식으로 물질들을 생성하고 분해하는 시대가 되었음을 의미했다.

주기율표, 원소 세계의 새 질서를 잡다

새로운 원소들이 발견되다

돌턴의 원자론은 당시 활발하게 진행되던 화학적 발견들에 힘을 얻었다. 모든 물질들은 독특한 특성을 가진 기본 물질, 즉 원자라는 아주 작은 입자들로부터 시작한다는 원자론 주장 전후, 화학자들은 새로운 물질, 혹은 원소들을 발견하기 위해 몰두했다. 그 가운데 탁월한 성과를 낸 사람은 영국의 유명한 화학자 험프리 데이비(Sir Humphry Davy, 1778년~1829년)이다.

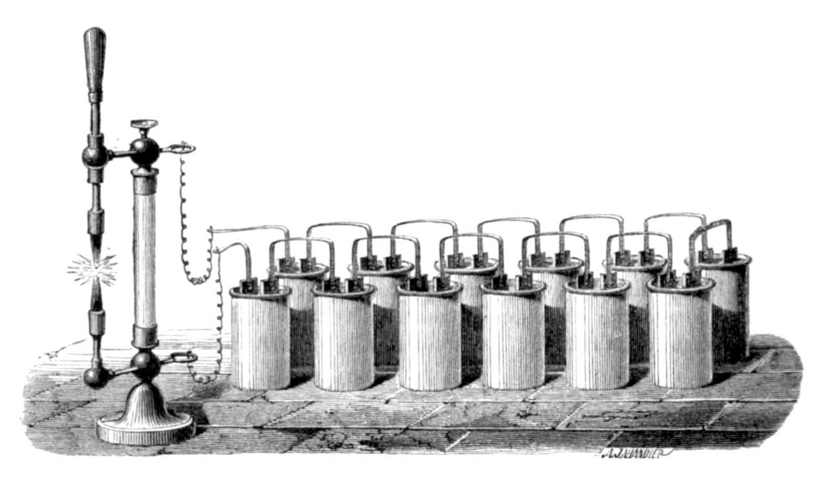

험프리 데이비의 실험

데이비는 1807년 전기 배터리를 이용하여 화합물에서 나트륨과 칼륨을 분리해 이들이 독특한 성질을 가지는 각각의 원소임을 밝혔다. 여기에서 그치지 않고 1808년에는 붕소를 발견했고, 나아가 염소와 염산 사이의 관계를 밝혀 염소의 초기 이름, 옥시무리아산이 잘못되었음을 밝혔다. 이 결과를 바탕으로 모든 산에 산소가 들어 있다는 근대 화학의 아버지인 라부아지에의 이론을 부정했다. 더 나아가 데이비는 원소를 발견하기 위해 실험을 고안해 실행했는데, 이 실험은 화학 발전의 중요한 이론과 방식을 정착시키는 데에 기여했다.

물론 데이비만 새로운 원소들을 발견했던 것은 아니었다. 당대의 화학자들은 다양한 색을 가지는 바나듐, 금속은 무겁다는 생각을 깬 리튬, 또 금속은 딱딱하다는 편견을 무너뜨린 칼륨, 노란 불꽃을 내며 나무보다 더 잘 타는 나트륨, 사람의 손바닥에서 녹아내리는 세슘, 그리고 유리를 만드는 규소, 거울의 금속인 인듐 등을 발견했다.

이와 같은 활발한 원소 발견으로 1808년 돌턴이 원자론을 제기할 수 있었고 그의 원자론과 더불어 이런 화학의 성과들로 원소 발견의 속도는 더 빨라졌다. 1815년, 41종의 물질이 원소임을 알아냈고, 1818년 이후 49종으로 늘어났다. 그리고 1850년에 10개가 더 발견되었으며 1869년에 이러서는 자연계에 존재하는 원소의 종류는 67종으로 늘어났다. 자연에는 순수한 원소가 생각보다 많았다.

새 원소를 발견하게 한 화학 법칙들

이런 새로운 원소들이 발견된 것은 화학에서의 중요한 변화를 배경으로 했다. 그 가운데 가장 영향력이 큰 것은 질량 보존의 법칙이다. 이 법칙은 근대 화학으로의 문을 열었다고 할 정도로 중요했다.

질량 보존의 법칙을 제안한 라부아지에는 자연의 현상을 설명하는 화학이 엄밀한 물리학처럼 분석적이고 수학적이어야 한다고 여겼다. 그는 화학 변화를 거쳐 만들어진 물질들은 화학 변화 이전과 이후 질량이 같아야 한다고 생각했다. 지금은 매우 당연하게 생각되지만, 이 법칙은 당시만 해도 당연하지 않았다. 화학 변화를 이끄는 물질로 설명되던 플로지스톤은 때에 따라서 음의 무게를 지녔다고 여겨졌다. 열, 빛, 전기, 자기, 그리고 실체를 알 수 없는 에테르라는 물질은 '무게 없는 입자'로 받아들여져 모든 변화에 개입한다고 알려졌다. 특히 이 플로지스톤은 '–'로부터 '+'에 이르는 다양한 무게를 가진 물질이었고, 이런 이상한 물질의 특징에 화학자들은 크게 관심을 쏟지 않았다. 하지만 엄밀한 물리학자를 자처했던 라부아지에에게는 이 물질은 말도 되지 않았고, 이런 회의적 태도로 인해 그는 산소를 발견할 수 있었다. 그의 주장 이후 화학 반응에서 질량의 변화에 주목하지 않은 사람들은 사라졌다.

이 시기 화학 반응을 다루는 데 중요한 법칙이 또 하나 발표되었다. 모든 화합물을 구성하는 원소들의 무게의 비는 일정하다는 이른바 일정 성분비의 법칙이 제안된 것이다. 예를 들면 산소와 수소로 이루어지는 물은 무게의 비가 8:1이라는 것이다. 이 무게의 비가 아닌 산소와 수소의 화합물은 물이 아니라는 의미이기도 했다. 이 법칙은 1797년 프랑스의 화학자 조제프 루이 프루스트(Joseph-Louis Proust, 1754년~1826년)에 의해 제기되었다. 그는 특히 철의 산화물, 다시 말하면 녹슨 철을 가지고 실험했고 그 결과 일정 성분비의 법칙을 발표할 수 있었다.

그리고 또 하나의 중요한 법칙인 배수 비례의 법칙도 제시되었다. 이 법칙은 두 종류의 원소가 화합하여 두 종 이상의 화합물을 만들 때, 한 원소와 결합하는 다른 원소의 질량비는 항상 간단한 정수비를 나타낸다는 것이다. 이는 1805년 프랑스 물리학자 겸 화학자인 게이뤼삭(Joseph Louis Gay-Lussac, 1778년~1850년)이 처음 주장했다. 물이나 과산화수소와 같이 수소와 산소가 화합물을 이루는 경우, 수소와 결합하는 산소의 원자량 사이에는 1(물):2(과산화수소)의 정수비가 나타난다는 것이다. 즉 1.5의 산소가 수소와 결합해 만든 물질은 있을 수 없다는 법칙이었다.

혼돈 속에 보이는 질서

이처럼 화합물들의 구성 원소들의 양과 부피 등을 설명하는 세 개의 법칙(질량 보존의 법칙, 일정 성분비의 법칙, 배수 비례의 법칙)은 당대 화학자들에게 새로운 원소를 발견하게 하는 기둥과 같았다. 1869년에 이르러 자연에 존재하는 순수한 원소들이 67종으로 늘어난 것은 이들 법칙 때문이었다. 하지만 새롭게 발견된 원소들은 중구난방으로 화학자들의 책상 위를 떠돌았다. 물론 이들 사이의 상관관계들이 어렴풋하게 화학자들 사이에서 이야기는 되었다. 그리고 몇몇 사람들은 이런 상관관계들을 관통하는 법칙이 있을 것이고 이 법칙을 발견하는 사람은 인류 역사에서 새 원소를 발견하는 것보다 훨씬 더 큰 명예를 가지게 될 것이라는 믿음도 존재했다.

이 명예를 차지한 사람이 바로 러시아의 멘델레예프(Dmitri Mendeleev, 1834년~1907년)였다. 그는 63종의 원소 사이의 주기성을 토대로 주기율표를 만들어 그의 책 『화학의 원리』에서 소개했다. 물론 그는 당시에 발견된 원소들만으로는 주기율표를 완전하게 완성할 수 없었기에 그의 주기율표 곳곳은 빈칸으로 남겨 두었다. 그리고 그는 이 빈 칸을 채울 새로운 원소가 더 있을 것이라고 예언했다. 이후에 새로운 원소들이 발견될 때마다 그가 남겨 두었던 빈자리가 채워졌고, 현재의 주기율표가 완성되었다.

멘델레예프의 주기율표는 원소들 성질 사이에서 발견되는 유사점을 토대로 만들어졌다. 그가 주목한 유사점은 원소들의 질량, 즉 원자량이었다. 그는 이를 토대로 원소들을 원자량에 따라 순서대로 배열하면 화학적 성질에서 명확한 주기성이 나타났고, 이런 주기성으로 비슷한 원소들의 원자량을 비교하면 잘못 결정된 원자량의 오류도 정정할 수 있다고 보았다. 또 그는 원소들의 특성이 원자량의 크기에 의해 결정되므로 아직 알려지지 않은 원소들은 원자량의 주기성에 따라 발견할 수 있다고

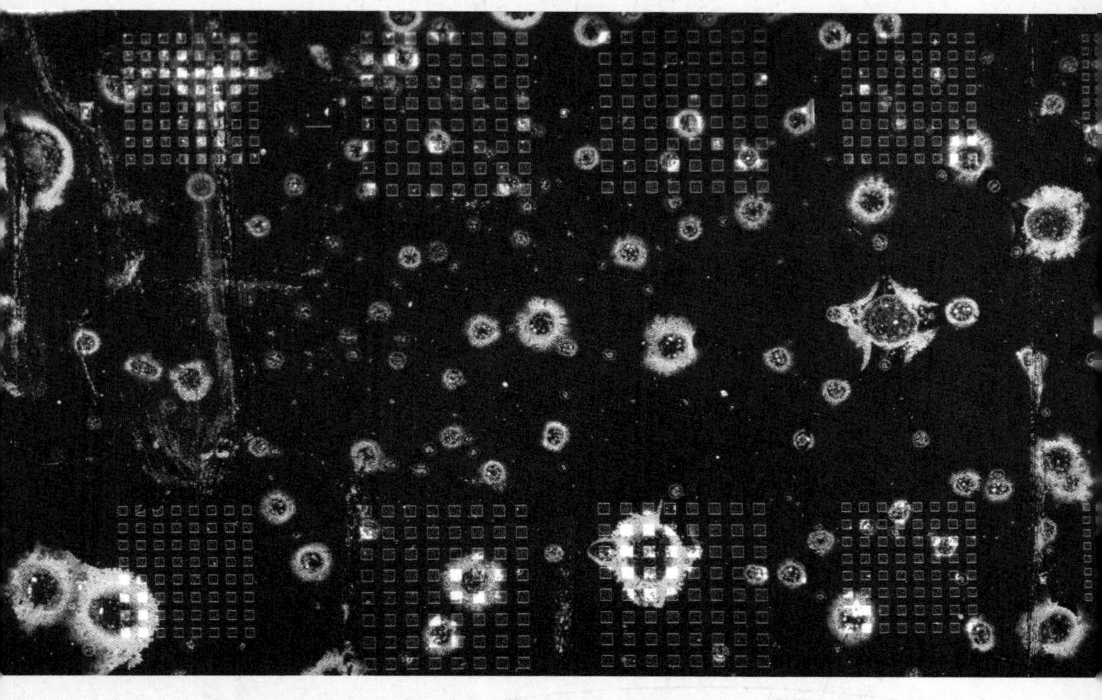

새롭게 발견된 원소들은 중구난방으로 화학자들의 책상 위를 떠돌았다. 이런 무질서함에 멘델레예프는 질서를 부여하고자 연구했고, 그 결과 그는 지금까지 수용되는 주기율표를 제안할 수 있었다.

주장했다. 그가 제시한 주기율표는 세로로 같은 칸에 있는 족 (group)을 두고 비슷한 성질들의 화학 원소들을 모은 것이며 현대 표준 주기율표에는 18개의 족이 있다.

주기율표의 빈자리 채우기

멘델레예프가 했던 예언은 실제로 맞아떨어졌다. 그가 만든 주기율표의 빈자리들이 채워지기 시작했다. 이 자리들 가운데 몇몇은 갈륨(1875), 스칸듐(1879), 게르마늄(1886)이 차지했고 이후 더 빠르게 채워져 1900년에 이르면서 빈자리가 별로 남지 않게 되었다. 43번, 61번, 72번, 75번, 85번, 87번, 91번 등 7개 정도의 자리가 남았을 뿐이었다. 1925년, 세 개의 원소가 발견되었지만 더 이상 발견이 어렵다는 생각이 사람들 사이에 퍼지기도 했다. 하지만 멘델레예프의 예언이 틀림이 없을 것이라고 믿는 과학자들은 계속 노력했다. 특히 방사능 관련 연구의 발전과 각종 과학 실험 기구들의 발명에 기대어 심지어 새로운 원소들을 만들어 내기 시작했다. 그 가운데에는 특정 원소에 엄청난 속도의 입자로 부딪히면 비로소 아주 짧은 시간 동안만 존재하는 원소들도 있었다. 그 원소들이 주기율표의 빈자리를 메꾸었다.

현재 주기율표에는 108개의 원소들이 배열되어 있다. 비슷한

Group→ ↓Period	1	2	3		4	5	6	7	8	9	10	11	12	13	14	15	16	17	18
1	1 H																		2 He
2	3 Li	4 Be												5 B	6 C	7 N	8 O	9 F	10 Ne
3	11 Na	12 Mg												13 Al	14 Si	15 P	16 S	17 Cl	18 Ar
4	19 K	20 Ca	21 Sc		22 Ti	23 V	24 Cr	25 Mn	26 Fe	27 Co	28 Ni	29 Cu	30 Zn	31 Ga	32 Ge	33 As	34 Se	35 Br	36 Kr
5	37 Rb	38 Sr	39 Y		40 Zr	41 Nb	42 Mo	43 Tc	44 Ru	45 Rh	46 Pd	47 Ag	48 Cd	49 In	50 Sn	51 Sb	52 Te	53 I	54 Xe
6	55 Cs	56 Ba	57 La	*	72 Hf	73 Ta	74 W	75 Re	76 Os	77 Ir	78 Pt	79 Au	80 Hg	81 Tl	82 Pb	83 Bi	84 Po	85 At	86 Rn
7	87 Fr	88 Ra	89 Ac	**	104 Rf	105 Db	106 Sg	107 Bh	108 Hs	109 Mt	110 Ds	111 Rg	112 Cn	113 Nh	114 Fl	115 Mc	116 Lv	117 Ts	118 Og
				*	58 Ce	59 Pr	60 Nd	61 Pm	62 Sm	63 Eu	64 Gd	65 Tb	66 Dy	67 Ho	68 Er	69 Tm	70 Yb	71 Lu	
				**	90 Th	91 Pa	92 U	93 Np	94 Pu	95 Am	96 Cm	97 Bk	98 Cf	99 Es	100 Fm	101 Md	102 No	103 Lr	

표준 주기율표

성질을 가진 원소들이 비슷한 성격의 족들로 나란히 맞추어 배열된 것이다. 이 주기율표로 무질서하고 혼란스러웠던 원소들의 세계에 질서를 부여했다. 그리고 같은 족의 비슷한 성질은 이른바 원소들의 가장 바깥 쪽에 존재하는 전자수(최외각 전자라고 한다)가 같기 때문이라는 점도 밝혀졌다.

주기율표의 제안으로 새로운 원소의 발견도 가능했지만 더 나아가 여러 화학 반응의 체계적, 물리적인 설명과 더불어 실험의 성공 여부도 예측할 수 있게 되었으며, 새로운 화합물의 성질도 가늠할 수 있게 되었다. 주기율표는 무질서해 보이는 수많은 화합물을 다루는 화학이라는 분야에 분류의 기준을 제시하고 질서를 부여해 이후 화학의 비약적 발전을 가능하게 했다.

전기를 발견하다

현대 생활을 지배하는 전기

오늘 아침에 한 일을 생각해 보자. 아침에 일어나 물을 한 잔 마시고 화장실에서 여러 일을 했다. 화장실을 들어가기 전 전등도 켰다. 냉장고를 열고 요깃거리를 찾아 꺼내 씻고 다듬고 정리하고 가스레인지 불을 켜고, 전자레인지도 돌렸다.

일어나서 했던 일들에는 한 가지 공통점이 있다. 무엇이냐면 바로, 모두 전기를 사용했다는 점이다. '물 마시는 데 웬 전기?'

라고 생각할지 모르지만 수도꼭지에서 물이 나오기까지 끊임없이 전기가 개입된다. 정수 시설까지 이야기를 넓히지 않더라도 우선 물을 끌어 올리는 데 전기가 필요하다. 특히 공동 주택에서는 말이다. 가스레인지에 불을 켜는 데에도 전기가 필요하다.

이처럼 전기는 현대 생활을 지배할 뿐만 아니라 문명의 도구들을 생산해 내기 위한 에너지원으로 자리 잡았다. 그렇지만 전기의 역사는 매우 짧다. 적어도 19세기, 20세기 초까지만 해도 전기가 이렇게 문명의 핵심 자리를 꿰차지 못했다. 물론 인류의 전기는 아주 오래되었다. 대표적인 것이 번개다. 그것이 전기였는지 몰랐지만 말이다. 그리고 자연에는 전기뱀장어, 전기메기 같은 동물부터 파리지옥과 같은 식물에 이르기까지 전기가 존재한다. 또 건조한 날, 양털을 문질러도, 머리카락을 빗어도, 옷들이 스쳐도 번쩍번쩍 따끔따끔 거린 것도 전기가 발생했기 때문이다.

전기와 인류의 첫 만남

사실 이런 자연계에서의 작용이 전기에 의한다는 것을 알기 위해서는 전기와 관련한 현상을 이론화하고 체계화하는 작업이 필요했다. 전기 현상을 처음으로 기록한 사람은 고대 그리스 철학자 탈레스(Thales, B.C 624년~B.C 546년)이다.

우리는 어제 전기를 사용했고, 오늘도 전기를 사용하며, 내일도 전기를 사용할 것이다. 우리 일상 속에서 전기가 이렇게 흐르고 있다. 전기를 발견하게 된 것에 감사하며, 그 명장면을 기억해야 한다.

탈레스는 기원전 550년경에 소나무 진액이 굳어서 만들어진 호박에 작은 물체들이 달라붙는 현상을 보고 호박을 문지를 때 전기(이 때 발생하는 전기를 마찰 전기, 혹은 정전기, static electricity라고 한다)가 발생한다고 했다. 그의 설명이 전기 현상의 체계화나 이론화를 위한 시작은 아니었지만 일상생활에서 접하기 쉬운 전기가 적어도 마술이나 귀신이나 영험한 신에 의한 일이 아니라는 정도는 알려졌다. 전기가 이론화되고 체계화되기 위해서는 적어도 2천 년 이상의 시간이 필요했다.

자기와 전기, 각자 따로

18세기 심지어 19세기까지만 하더라도 인류가 전기와 자기를 함께 사용하는 일은 거의 없었다. 심지어 전기와 자기는 각각 다른 현상으로 여겨졌으며 각기 다른 분야에서 이용되거나 관찰되고 실험되었다.

자석 이용에 관련한 기록은 중국에서 꽤 오래 전부터 있어 왔다. 자석인 나침판을 이용해 위치를 확인하는 정도였다. 물론 이를 통해 몽고가 유럽을 정복했고, 유럽은 향료를 수입할 새로운 뱃길을 찾기 위해 바다로 나섰다. 이 일로 새로운 아메리카를 발견했지만 말이다. 그 기록 외에 또 다시 자석이 역사에 등장하게 되었는데, 그것은 영국의 윌리엄 길버트(William Gilbert, 1544

년~1603년)가 지구를 거대한 자석이라고 주장한 1600년 즈음 이었다.

길버트는 엘리자베스 1세의 왕실 의사로 여왕을 치료하는 데 자석을 이용하기도 했으며, 탈레스처럼 호박에서 일어난 전기 현상을 관찰하고 기록했다. 이 전기 현상을 두고 호박을 의미하는 그리스어인 '일렉트론'이라는 이름을 붙이기까지 했다. 특히 자석에 많은 관심을 가진 그는 지구의 두 극점을 N극, S극이라 이름 붙였고, 지구 자체가 하나의 큰 자석이라고 주장하기도 했다. 지구 위에 있는 나침반이 남북을 가리키는 것을 보여 주기도 했다. 그가 이런 주장을 한 데에는 막대자석 주변의 철가루들이 타원 모양을 이루고 있고 이는 케플러의 타원 궤도와 비슷해 보였기 때문이었다.

길버트가 표현한 자석

전기에 대한 언급들이 간헐적으로 나오는 상황은 150년 정도 지속되었다. 그러다가 1746년 네덜란드의 뮈스헨부르크(Pieter van Musschenbroek, 1692년~1761년)에 의해 작은 변화가 이루어졌다. 그가 전기를 담는 '라이덴병'을 발명한 것이다. 이 라이덴병은 유리병 안팎에 금속을 입히고 코르크와 같이 전기가 통하지 않는 물질로 뚜껑을 만들어 닫은 후 뚜껑에 구멍을 뚫어 금속 막대나 금속 사슬을 매단 것이다. 이 막대를 들어 올려 사슬이 바닥에서 멀어지면 대전된 상태가 유지되면서 이 유리병에 전기가 저장되었다.

이 라이덴병이 미국의 독립 전쟁과도 관련이 있다는 일화도 전해진다. 미국 독립에 크게 기여한 프랭클린(Benjamin Franklin, 1706년~1790년)은 라이덴병에 관심을 가졌다. 그는 연을 이용해 번개를 라이덴병에 가두는 데에 성공했고, 이를 바탕으로 1752년 피뢰침을 발명하기도 했다.

전기와 관련한 이런 작업으로 유명해진 프랭클린이 영국 왕실의 초대를 받았는데, 그는 그곳에서 충격적인 장면을 보게 되었다. 영국 왕실에서 라이덴병을 이용해 벌인 공연에 그는 경악해 버렸다. 이 공연은 군인들을 길게 늘어서게 하고 그들이 라이덴병에 손을 대면서 뒤로 넘어지는 광경을 연출한 것이다. 전기 충격을 받고 군인들이 넘어지는 장면을 보면서 영국 귀족들이 크게 웃으며 즐거워했는데, 이런 야만스러운 광경을 본 프랭클린은 충격을 받아 영국으로부터 독립을 결심하고 독립 전쟁에 참여했다는 이야기이다.

이 일화가 그럴 듯해 보이기는 하지만 벼락 치고 비오는 날 소년에게 연을 들게 했던 프랭클린이 영국 왕실의 야만스러움에 실망해 독립을 결심했다는 것은 좀 앞뒤가 맞지 않는 듯하다. 그가 실제 독립을 결심한 계기가 전기 때문이었는지, 혹은 그의 진보적 성향 때문인지는 정확하지 않지만 여전히 전기 현상은 18세기가 다 가도록 폭발적인 잠재력을 숨긴 채 다음 시대를 기다려야 했다.

흐르는 전기

인류가 '흐르는 전기'에도 관심을 가지게 된 것은 1800년대의 일이었다. 갈바니(Luigi Galvani, 1737년~1798년)는 개구리를 해부하던 중 개구리 다리가 전기의 불꽃에 접촉할 때 경련을 일으키는 것을 발견하여 1791년에 발표했다. 이는 그 이후의 전기 연구를 크게 자극했고, 돌파구가 되었다.

볼타(Alessandro Volta, 1745년~1827년)는 개구리의 뇌나 몸에서 전기가 발생한다는 갈바니의 주장과는 다른 가정을 세웠다. 그는 자신의 가정을 실험하기 위해 1800년, 구리판과 아연판 사이에 소금물에 적신 천 조각을 끼워, 그것을 여러 층으로

쌓고 이 장치의 양끝에 전선을 연결했다. 그리고 이 장치에서 전기가 발생하는 것을 보았다. 종류가 다른 아연과 구리라는 금속들 사이의 전위차 혹은 전압 차이로 인해 흐르는 전기, 즉 전류를 얻었던 것이다. 이 장치는 일시적으로 전기를 방출하는 라이덴병과는 달리 안정적으로 전기를 흘려보냈다. 이것이 전지의 원형이었다. 전기학에서 그 업적을 기리며 그의 이름을 따 전압을 의미하는 기호를 V라 정했고, 볼트라 부르며 사용하고 있다.

볼타가 고안한 장치를 좀 더 발전시킨 것이 볼타 전지(Volta cell)로, 이는 최초로 일상적으로 사용을 가능하게 하는 시초가 되었다. 볼타 전지는 금속판들 사이에 소금물로 적신 천 조각 대신 묽은 황산 용액이 든 그릇에 구리판과 아연판을 넣고 두 금속을 전기가 흐르는 금속선으로 연결해 꾸몄다. 이 장치에 대해 후대 사람들은 두 금속 가운데 아연에서 전자가 나와 도선을 통해 구리판으로 이동해 구리판 주변의 수소 이온(H+)에게 전자를 주는 것이라고, 전기가 흐르는 방법의 설명을 제공했다. 이때 전자가 아연판인 (-)극에서 나와 구리판 (+)극으로 이동한다는 것이다.

당시로서는 매우 획기적이었음에도 볼타 전지는 개선해야 할 여지가 많았다. 그 가운데 하나는 시간이 지날수록 수소 기체가 구리판 주위에 막을 만들어 전위차를 만들지 못하게 하는 일이었다. 더 이상 전류가 흐르지 못하는 것이었다. 또 다른 단점은 사용하지 않을 때에도 아연판이 끊임없이 녹슬어 효율이 매우 떨어진다는 점이었다. 이런 단점들 때문에 오늘날에는 사용되지 않지만 당시 이 전지는 순식간에 모든 전기를 날려 보내는 라이덴병과는 달리 지속적으로 전류를 흐르게 했고, 전기의 흐름도 통제할 수 있었기에 과학 연구에 폭발적으로 활용하기 시작했다.

볼타 전지의 문제들을 해결하기 위해 전지들이 계속 개량되었고 발명되었다. 1836년 다니엘(John Frederic Daniell, 1790년~1845년)은 수소 발생을 방지하는 전지를 만들었다. 그는 구리판과 아연판을 각각 황산구리 수용액과 황산아연 수용액에 담근 후, 도선으로 두 금속을 연결하고 두 수용액을 구름다리로 연결한 전지를 선보였다. 이 전지는 놀랄만큼 획기적이었기에 그

다니엘 전지

의 이름을 따서 다니엘 전지라 부른다.

이런 전지들로 인해 전기를 이용한 화학과 산업은 놀랍게 발전했다. 특히 화합물을 만들거나 화합물을 분석하는 실험과 같이 에너지 출입이 필요한 반응에 적극 활용되었다. 이 전지를 이용함으로써 고대부터 하나의 순수한 물질로 받아들여지던 물이 수소와 산소의 화합물이라는 것도 밝혀냈고, 도금이라고 하는 금속의 성질을 바꾸는 일도 가능해졌다. 전기로 도금을 가능하게 함에 따라 산업 역시 크게 발전했다. 또 축전지를 이용해 발명된 통신 시설은 이를 가진 자와 가지지 못한 자, 가진 국가와 가지지 못한 국가 사이에 전쟁을 일으켰고, 무역에도 큰 영향을 미쳤다.

인류가 전기를 발견하고 이용하게 된 일은 프로메테우스가 인류에게 불을 가져다 준 것과 같았다.

전자기학의 구성, 현대 문명을 낳다

전기와 자기, 서로 변환되는 현상임을 발견하다

사실 전지에 의한 작은 전기도 사회를 변화시켰다. 하지만 인류는 새롭게 발견한 전기를 더 많이 활용할 방법을 생각했고, 그것이 가능하게 되길 꿈꿨다. 제한된 전기의 활용을 극복할 수 있는 방법은 대규모의 전기를 생산하고 안정적으로 공급하는 '발전'이었다. 이 발전은 전기와 자기가 서로 바뀌는 현상에 의하는데, 이는 19세기의 생각, 즉 전기와 자기가 다른 것이라는 생각에서는 이루어질 수 없는 일이었다. 자기장, 즉 자석이 영향을 미치는 범위 안에서 만들어지는 전류의 발견이 바탕이 되어야 했다.

전기에 관한 이론적 접근이 시작된 것은 전 인류 역사에서 보면 매우 최근의 일이라 할 수 있다. 더 나아가 전기로 자기를 만들고 자기로 전기를 만들 수 있고, 전기와 자기가 같은 현상이라는 사실을 알아낸 것은 더 최근의 일이다. 19세기 프랭클린은 전기가 충전되었을 때 한쪽 표면은 '음(-)' 전하가 다른 한쪽 표면은 '양(+)' 전하가 차지한다는 사실을 발견했다. 더 나아가 그는 전기를 많이 가진 물체가 전기를 적게 가진 물체에 접근하면 많은 쪽의 전기가 적은 쪽으로 흘러 같은 양의 전기를 가지게 된다고 보았다. 또 전기가 철 바늘에 자력을 입힐 수도 있고 빼앗을 수도 있음을 발견했다. 그리고 이 철 바늘이 전기로 인해 자석의 성질을 가지게 된다는 사실도 알게 되었다. 그는 이 철 바늘을 인공자석이라고 불렀고, 관련한 연구 결과를 세상에 내놓았다.

프랭클린과는 독립적으로 쿨롱(Charles Augustin de Coulomb, 1736년~1806년)은 전기력과 자기력, 전기 입자 및 자석 입자들 사이에 작용하는 힘의 세기에 관해 실험했다. 그는 마침내 뉴턴의 유명한 저서인 『광학(Optics)』에서 언급한 떨어진 두 물질 사이의 거리에 반비례하는 또 다른 힘을 표현하는 공식을 얻을 수 있었다. 전기력과 자기력이 모두 같은 형태의 수학적 공식으로 표현된다는 점은 이 두 현상 사이에 어떤 유사함이 존재한다는 것을 의미했다. 이는 전지 발명을 배경으로 이루어진 패러데이(Michael Faraday, 1791년~1867년)와 맥스웰(James Clerk Maxwell, 1831년~1879년)의 연구에 의해서 밝혀졌다.

먼저 패러데이의 연구들을 살펴보자. 그는 당시 화학자로 명성을 떨쳤던 험프리 데이비의 실험 조수가 된 이래 본격적인 과학 연구의 길로 들어설 수 있었다. 정식 교육을 받지 못했던 패러데이는 매우 성실하게 자신의 일을 수행했다. 그리고 1820년대, 마침내 많은 과학자들을 괴롭히던 과제에 도전했다. 그것은 "전류가 주변의 자기력을 유도할 수 있다면 자석도 전류를 유도

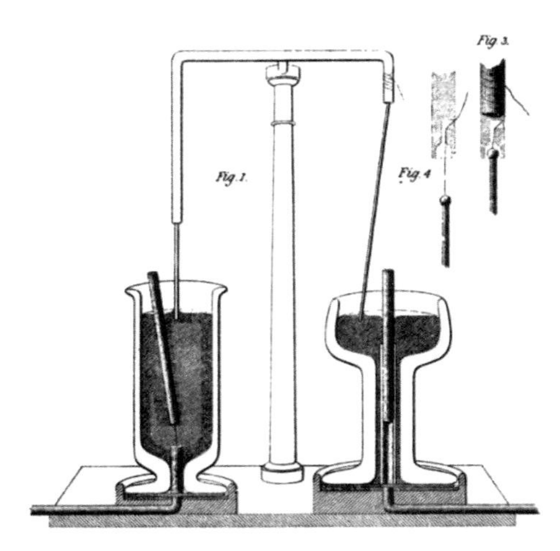

패러데이 자기 회전 연구

할 수 있지 않을까?" 하는 문제였다. 패러데이는 이 문제를 '전기와 자기를 직접 설명하지 말고 전기장, 자기장과 전기력선, 자기력선으로 설명하자' 라는 생각과 '전기와 자기는 서로 짝을 이룬다' 라는 아이디어로 해결하려 했다. '각자 따로, 그리고 다른' 이 아닌 '서로 같은 현상' 을 전제로 한 이 아이디어를 기반으로 해서 접근하자, 자기도 전기를 만들 수 있다는 것을 알아냈다. 즉 변하는 자기장에 의해 전류가 유도됨을 발견했던 것이다.

각각을 하나로 보다

1831년에 발표된 패러데이의 실험을 좇아가 보자. 그는 먼저 전기가 통하는 금속 줄 뭉치(흔히 도선 코일이라고 함)를 나선 모양으로 감아 준비했다. 이 도선에 전류를 흘려보내면 도선 코일이 자석처럼 작용해 도선 코일의 한쪽 끝이 북극을, 다른 한쪽 끝이 남극을 가리키게 되는 것을 알게 되었다. 이 현상을 관찰한 그는 쇠막대에 도선 코일을 감고 전류를 통과시키면 자석이 될 것이라고 생각했고, 그 효과가 거꾸로도 일어나는지 실험했다. 즉 자기를 띠는 쇠막대가 도선에 전류를 흐르게 하는지 알아보기 위해 지름 약 15센티, 두께 2센티의 쇠고리를 준비해 쇠고리의 반대쪽에 두 개의 도선 코일을 감은 것이다. 한 개의 도선 코일에는 전지를, 다른 하나에는 감도 특정기(검류계 : 전류가 있는지 알아내는 기기)를 연결했다.

이를 통해 패러데이는 이 쇠고리가 자기력을 띠게 될 때 전류가 유도되는지 측정하려 했다. 이 실험에서 그는 도선 코일이 전지에 연결되자마자 검류계 바늘이 움직였다가 0이 되는 것을 보았고, 전류가 안정적으로 흐르면 더 이상 전류가 유도되지 않음을 보았다. 전류에 변화가 있고 자기에도 변화가 생기는 동안만 전류가 유도된 것이다. 그는 또 막대자석이 도선 코일 안과 밖으로만 움직여도 도선에 전류가 만들어진다는 것을 알게 되었다.

이 실험을 정리해 발표함으로써 패러데이는 당대 최고 과학자의 지위에 오를 수 있었다. 이 '전자기 유도'라 이름 불린 이 현상의 발견은 역사적으로 매우 큰 사건이었다. 이를 통해 인류는 현대 문명을 가능하게 한 원동력, 전기를 에너지로 이용할 수 있게 하는 기초를 확보했다. 석탄, 석유로 물을 끓여 증기를 만들어 이 힘으로 생산되는 전기, 지속적으로 공급되는 전기로 에디슨(Thomas Alva Edison, 1847년~1931년)은 백열전구를 개량했고, 축음기를 만들었다. 많은 사람들이 사용할 수 있도록 전기를 지속적으로 만들어 내는 발전기를 개발하고 발전소를 설립해 냉장고, 세탁기, 청소기 등 현대의 일상사를 가능하게 했다. 안정적으로 공급되고 조절할 수 있는 에너지를 획득하게 되자 공장에서는 이 에너지를 기반으로 한 생산 체계를 설립했다.

에디슨이 만든 발전기는 1887년 조선에 수입되었고, 그의 백

지금은 이렇게 곳곳에서 비추는 빛과 달빛이 어우러진 경복궁을 만날 수 있다. 조선에 전기가 들어와 밤을 밝힌 것은 1887년의 일이다. 에디슨 전기 회사의 발전기가 향원정에 설치되고 백열전구가 밤을 밝히기 시작했다.

열전구와 함께 경복궁을 밝히기도 했다. 이런 전기 기술에서의 성공에 힘입어 많은 전기 관련 기술과 기기들이 발명될 수 있었다. 더 나아가 대용량 발전기의 발명으로 전기로 회전시키는 전동기들 역시 속속 개발되었다.

전기와 자기, 같은 현상임을 발견하다

하지만 패러데이 이후에도 전기와 자기는 상호 변환이 가능한 두 가지 다른 현상이라고 여겨졌다. 전기와 자기가 같은 현상이기 위해서는 이 가정이 수학적으로 잘못이 없음을 밝히는 이론적 작업, 즉 같은 현상임을 수학적으로 정리하는 고도의 작업이 필요했다. 이 수학화 작업에 크게 기여한 사람은 맥스웰이었다. 이 작업 결과에 의해 전자기학의 기초가 다져졌고, 첨단 학문 분야가 구성될 수 있었다.

맥스웰은 1864년 '맥스웰 방정식'을 발표했다. 이 방정식은 그가 5년 넘게 몰두한 전기와 자기 현상에 관한 이론들을 통합 정리한 것이다. 이 방정식은 시간에 따른 전기 흐름이 전기장을 만들고, 시간에 따라 자기장 역시 전기장을 만들어 낸다는 것을 담았다. 맥스웰의 활약으로 인류는 드디어 전기와 자기가 같이 표현되는 방정식을 가지게 되었고, 상호 변환하는 현상이라는 이론을 가지게 된 셈이었다. 이것만으로도 매우 큰 업적이었지만, 이 '맥스웰 방정식'은 또 다른 하나의 큰 의미를 지니고 있었다. 그것은 전자기파의 존재를 예견하는 일이었다. 전자기파는 전기장과 자기장의 세기가 커졌다가 작아지는 것을 반복하면서 공간을 전파하여 나가는 파동이다.

이처럼 맥스웰은 완전히 수학적인 방법만으로 전자기파의 존재를 예측했고 더 나아가 빛도 전자기파의 일종이라고 주장하기도 했다. 이는 뉴턴 이래 '점'으로 존재한다고 여겨진 전기, 자기, 심지어 빛까지 파동으로 흐르며 공간을 메우며 영향력을 미친다는 의미를 품은 것이었다. 그의 업적을 기려 아인슈타인은 물리학이 맥스웰 이전과 이후로 나뉜다고까지 평가했다.

맥스웰 방정식과 그의 물리학에서의 업적은 현대 전자기학의 토대가 되었다. 여기에서 그치지 않고 그가 예견한 전자기파는 현대 기기 문명의 시작점으로 작용했다. 우리는 단 한순간도 그 영향에서 벗어나지 않는다. 라디오, 텔레비전, 전자레인지 등 우리가 향유하는 대부분의 기기 연원은 그에게서 파생된 것이다.

전기의 발견과 이용은 나아가 과학 혁명 이래 과학자들과 철학자, 심지어 정치가들이 꿈꾸던 일의 실현이기도 했다. 전자기학, 혹은 전기 공학 이전에는 기술과 과학을 연결하기에, 그리고 과학이 기술의 문제들을 해결하기에 역부족이었다. 패러데이와 맥스웰 이래 물리학자들은 당시 새롭게 발전해 가던 전기 기술을 뒷받침하고 성장시킬 수 있는 수학적, 이론적 토대를 구축했고, 기술에서의 진보는 과학자들에게 새로운 질문들을 제기함으로써 명실공이 과학과 기술이 '과학 기술'이라고 불리어도 낯설지 않은 세계를 만들었다. 전자기학은 그 대표적인 예라 할 수 있다.

하비, 피가 온몸을 돌고 돌다

고대에서 전해진 몸에 대한 이상한 이야기

오늘날에야 피가 동맥과 정맥으로 온몸을 도는 일은 누구나 안다. 피가 돌면서 산소와 영양분을 공급하고 노폐물과 이산화탄소를 몰고 와 심장과 폐를 오가면서 깨끗한 산소를 공급받는 이 피의 순환은 인간의 핵심적인 생명 활동이다.

하지만 피가 온몸을 이리저리 돌고 돈다는 순환이 알려진 것은 16세기 이후의 일이니 그리 오래된 일이 아니다. 이를 제안한 사람은 영국의 하비(William Harvey, 1578년~1657년)인데 그의 주장이 받아들여지기 위해서는 고대로부터 약 1500년 동안 서양 의학을 지배했던 갈레노스(Claudius Galenus, 130년~210년)의 이론을 극복해야 했다. 갈레노스는 로마 황제 4명의 시의였고, 고대 명의인 히포크라테스(Hippocrates, B.C 460년~B.C 370년) 이래 최고의 의학자로 꼽히며 고대 의학의 완성자로 널리 알려져 있다. 비록 그가 죽은 개와 돼지를 해부해 연구한 것이기는 하지만 그가 해부라는 관찰적, 경험적 행위를 통해 이론을 구축했다는 사실은 그의 이론을 수용하는 데에 강력한 배경이 되었다. 그는 16, 17세기에 이르기까지 의학에서 신으로 군림했던 것이다.

먼저 갈레노스의 몸에 대한 설명을 살펴보자. 그는 몸을 세 부분, 소화와 호흡 및 신경으로 구분했다. 물론 여기에 체계적인 설명도 부여했다. 그에 따르면 소화는 일상적으로 우리가 경험하는 음식을 몸에 공급하는 과정이며, 호흡은 인체가 생명력과 열과 기운을 얻는 과정, 그리고 신경은 인간의 두뇌 및 정신 활동이다. 그는 이를 '감각'에 해당하는 '영(soul 또는 spirit)'이라 가정하고, 각각을 구분해 소화에 의한 영양분은 '자연의 영(natural spirit)', 호흡에 의한 생명력은 '생명의 영(vital spirit)', 그리고 정신 활동은 '동물의 영(animal spirit)'이라고 이름 붙였다.

갈레노스는 이 세 가지 영의 생성, 전달과 작용을 중심으로 인체의 체계를 구성하고 구조와 기능을 설명했다. 그는 '소화 체계'는 음식물이 몸에 들어와서 위와 장을 거쳐 간에 이르는 과정으로 설명했다. 소화 흡수된 영양분은 간에서 '자연의 영'인 피로 바뀌며, 이 자연의 영은 정맥을 통해 심장으로 들어오면서 '호흡의 체계'로 이행이 시작된다. 정맥을 통해 심장에 들어온 피인 '자연의 영'이 허파에서 전달된 공기 가운데 정수만을 받아 '생명의 영'으로 전환된다. 이 '생명의 영'은 동맥을 통해 온몸으로 전달되어 생명력, 기운, 열 등으로 소모된다. 또 '신경의 체계'에서 '생명의 영'이 해부학적으로 정확하게 위치가 알려지지 않은 'Rete mirabile'라는 기관으로 전달되어 '동물의 영'으로 바뀌어 뇌에 이른 후, 신경을 통해 온몸에 전달된다고 했다. 이처럼 각각의 체계는 세 가지 영이 생성되는 곳에서 연결되며 몸 안 어디에선가 모두 사라진다. 이 세 영은 모두 시작과 끝이 있으며, 서로 다른 특징과 기능을 가졌다. 즉 완전히 분리된 체계였던 것이다. 이 영들을 전달하는 정맥, 동맥, 신경도 완전히 분리된 조직이었다.

이런 갈레노스의 설명 방식 역시 아리스토텔레스의 자연 철학 체계, 특히 아리스토텔레스가 지상의 생명을 삼혼(생혼, 각혼, 영혼)으로 구분해 각각 식물의 영, 동물의 영, 인간의 영에 배속한 것과 유사했다. 아리스토텔레스는 지상의 모든 운동과 변화는 생성과 소멸이 있고, 시작과 끝이 있듯이 갈레노스가 생명 작용을 관장한다고 설정한 영(sprit) 역시 마찬가지였다.

고대의 이론과 믿음이 깨지기 시작하다

갈레노스의 설명에서 볼 수 있듯이 피와 관련해 가장 중요한 인체 기관은 간이었다. 그가 보기에 음식물이 영양분으로 바뀌어 간으로 들어오고 간에서 피가 끊임없이 만들어지며 온몸으로 보내졌다. 이런 과정을 거치며 만들어진 자연의 영인 피는 몸 어디선가 모두 소모되었다. 그리고 이것이 동물을 직접 관찰하고 해부한 결과라고 주장했다.

하지만 1543년 이탈리아의 해부학자 베살리우스(Andreas Vesalius, 1514년~1564년)는 자신이 직접 행하고 관찰했던 해부학적 사실을 통해 갈레노스의 생각이 틀릴 수 있다고 주장하기 시작했다. 그는 갈레노스가 200가지 이상 잘못 관찰했다고 지적했는데, 대표적으로 '자연의 영'이 '생명의 영'으로 바뀌기 위해 심장 우심실과 좌심실 사이에 구멍이 있는 칸막이, 즉 격막구멍으로 통과해야 하는데 이를 발견할 수 없다는 것이었다. 또 좌심실과 동맥에 피가 많다는 점도 발견했다. 이런 관찰 결과는 '좌심실에서 피(자연의 영)가 생명의 영으로 바뀌어 이것이 동맥을 통해 온몸으로 전달이 된다'는 갈레노스의 주장과 맞지 않았다. 그리고 허파에서 심장으로 오는 허파정맥(pulmonary vein)에도 피가 있다는 것을 관찰했는데, 갈레노스의 설명 체계에 의하면 그 속에는 공기만 있어야 했다. 이런 갈레노스의 오류를 베살리우스는 200개나 넘게 발견했다.

1543년에 베살리우스는 갈레노스와 다른 해부학적 관찰 사실을 『인체의 구조에 관해서(De Corporis Humani Fabrica)』라는 책에 담아 출간했다. 그는 이 책에 새롭고 세밀한 인체 해부

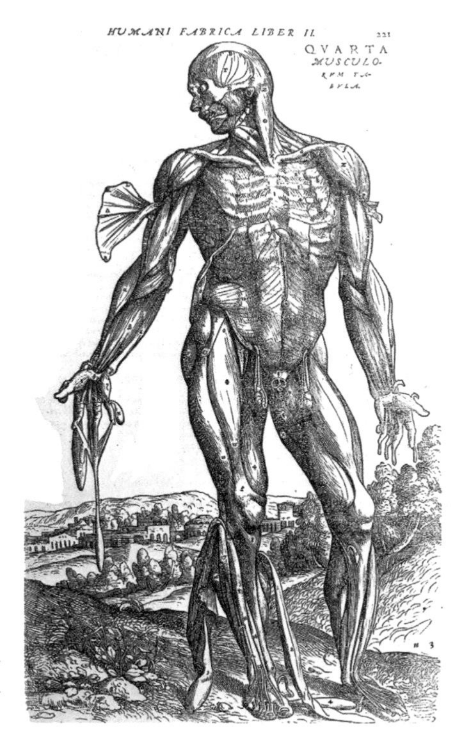

베살리우스의 인체 해부
그림 중 일부

도를 실었는데, 이는 굳건했던 갈레노스의 의학 체계를 무너트리는 데에 크게 기여했다. 이 책이 출판된 같은 해에 코페르니쿠스가 지동설을 주장했던『천구의 회전에 대하여』도 출판되었던 것은 흥미로운 우연이다.

피가 그렇게 많이 만들어질까?

베살리우스의 책으로 공부한 사람들 가운데 특히 하비는 눈에 띄는 발견을 했다. 그는 당시 의학 교육으로 유명한 이탈리아 파두바 대학에서 공부하면서 새로운 해부학을 접했다. 그는 갈레노스의 기본 개념인 세 개의 영이 서로 분리된 채 각각 끊임없이 생성되고 소멸된다는 주장에 의문을 품었다. 그는 끊임없이 만들어지고 없어진다는 세 개의 영의 양에 대해 관심을 가졌고, 그 가운데 눈으로 확인할 수 있는 '자연의 영'인 피를 중심으로 사고했다.

하비는 맥박이 한 번 뛸 때마다 방출되는 피의 양을 아주 작게 잡아서 약 7g 정도로 설정했다. 그리고 맥박이 뛰는 횟수도 30분에 1000번 정도(사실 보통 어른은 1분에 70회 정도 맥박이 뛰는 것이 정상이며 이를 기준으로 하면 30분이면 2100회의 맥박이 뛴다)로 아주 작게 잡았다. 이렇게 아주 적게 잡아도 30분 동안에 심장으로부터 방출되는 피의 양은 약 7kg이나 되고 1시간에 14kg, 하루에는 300kg이 넘었다. 갈레노스의 이론에 의하면 이렇게 많은 양의 피가 하루 사이에 만들어지고 없어지는 셈이 되는 것이다. 그런데 사람의 몸무게는 이에 비해 턱없이 작았다. 그렇다면 이같이 많은 양의 피가 매일 음식물로부터 새로 만들어진다는 것도 말이 되지 않는다고 생각했다. 영양분은 제외하고라도 도대체 얼마나 많은 물을 마셔야 하는가를 가늠하기 어려웠다. 그렇다면 심장으로부터 나간 피가 소모가 되는 것이 아니라 재활용되어야 했다.

또 하비는 피가 흐르는 방향이 있다고 생각했고 간보다 심장이 중요하다고 보았다. 심장에서 피가 온몸으로 보내지고 심장으로 다시 온몸의 피가 모여진다고 생각했던 것이다. 이런 가정들이 온몸에서 실제 행해지는 과정임을 실험을 통해 확인했다. 이 실험은 위험하지만 간단하기도 해 그는 자신의 몸에 직접 실험을 했다. 그는 정맥에 가는 철사를 집어넣어 철사가 한 방향으로만 들어가는 것을 본 것이다. 더 나아가 그는 가는 줄로 팔을 동여매어서 동맥과 정맥의 흐름을 모두 중단시키기도 했다. 팔은 점차 차가워졌고 이 줄 위의 동맥이 피로 가득 차서 고동치는 것을 보았다. 다음에는 정맥은 그대로 막은 채로 두고 동맥은 자유스럽도록 줄을 풀어 주기도 했다. 이때 피가 팔을 통해 흘러감에 따라 급히 따뜻해짐을 느꼈다. 하지만 팔이 자주색으로 변하면서 정맥의 줄 아래 부분이 눈에 띄게 부풀어 오르는 것도

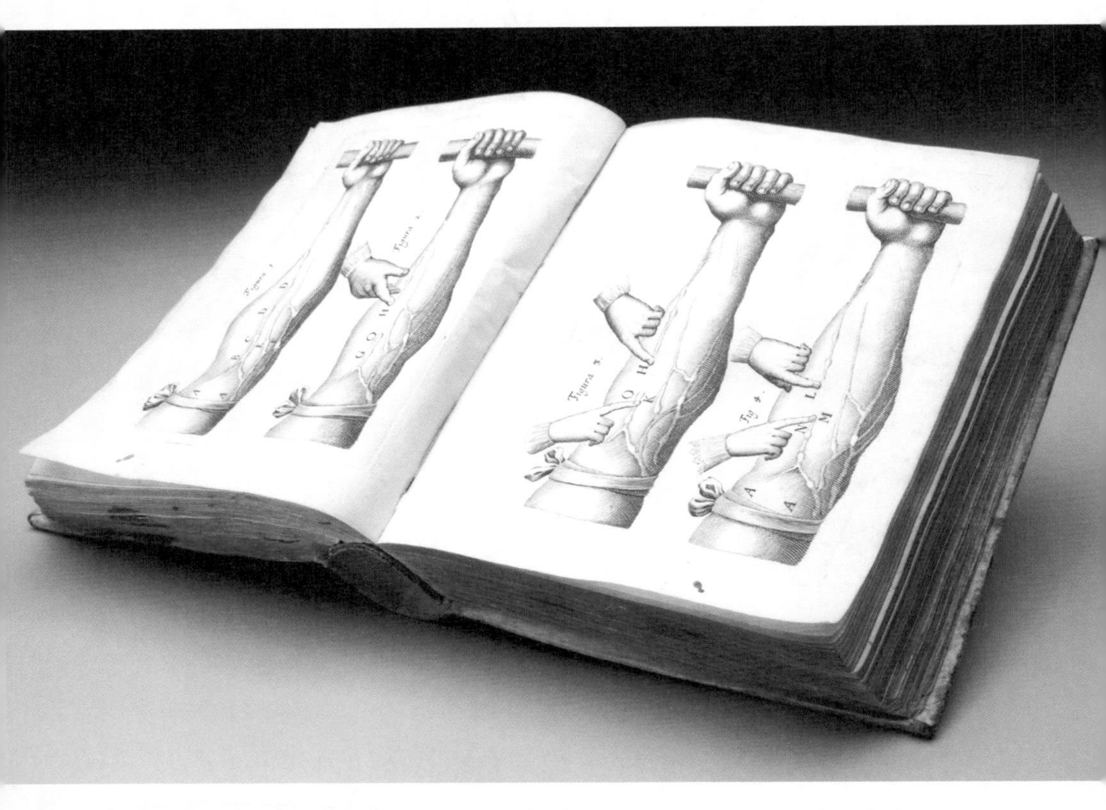

하비는 피가 돌고 돈다는 것을 밝히기 위해 자신의 몸을 희생했다. 자신의 몸에 실험을 했던 하비의 실험 내용이 『심장과 피의 운동에 대해서』에 상세하게 담겨 있다.

보았다. 그는 이 현상을 피가 동맥으로부터 아직 줄로 엮인 정맥으로 건너왔다고 해석했다. 더 나아가 이 현상이 피가 동맥을 통해 손끝으로 갔다가 정맥을 통해 심장으로 다시 돌아오고 있음을 뚜렷이 보여 주는 증거라고 여겼다.

이런 실험을 통해 하비는 심장을 지나면서 피가 순환한다는 사실을 밝혔고 이를 1628년 『심장과 피의 운동에 대해서(Exercitatio Anatomica de Motu Cordis et Sanguinis in Animalibus)』라는 책으로 발표했다.

피는 돈다

'피가 돈다'는 생각은 하비가 당시 각 대학에 만연해 있던 아리스토텔레스주의자로서의 경향에 의한 것으로 보인다. 대학에는 베살리우스와 같은 해에 발표된 코페르니쿠스의 태양 중심설에 반대하는 지적으로 세련되고 탁월한 학자들이 많았고, 하비 역시 그들에게 교육받았다. 특히 아리스토텔레스가 설명한 우주 운동의 기반이자 핵심인 등속 원운동에 대한 믿음은 진보적이든 보수적이든 간에 대부분의 학자들이 지니고 있었다. 심지어 태양 중심설을 열렬히 주장해 교회와도 맞섰던 갈릴레오마저도 가졌던 신념이었다. 하비는 이런 원운동은 단지 우주에만 있는 것이 아니라 우주를 닮은 인체에서도 중요한 기본 운동이라고 보았다. 인간의 생명 유지에 중요한 물도 이런 원운동, 순환 운동을 했다.

실제 하비는 그의 책에서 아리스토텔레스에 대한 믿음으로 피 순환 운동을 뒷받침했음을 밝혔다. 또 아리스토텔레스가 인체의 중심 기관으로서 심장을 설정했던 것에도 영향을 받았다. 아리스토텔레스의 생각은 그가 심장을 중심으로 한 피와 순환 이론을 생각하기 쉽도록 해 주었던 것이다. 그 밖에도 그가 아리스토텔레스의 영향 아래 있었음은 여러 지점에서 발견된다. 비교 해부학(comparative anatomy)과 발생학을 중요시 했다거나 모든 생명체가 최종적 목적을 향한다는 목적론적 성향을 지니고 있다거나 하는 점들이 그 예이다.

하비가 보수적인 아리스토텔레스주의자였기에 태양이 지구를 중심으로 돌 듯 심장을 중심으로 피가 돈다고 생각할 수 있었다. 하지만 하비는 당시 자연 철학계에서 중요한 방법론으로 여겨졌던 정량적 방법에 크게 의존해 그의 주장을 전개했다는 사실을 특히 눈여겨봐야 한다. 그가 비록 갈레노스의 체계를 붕괴시키고 아리스토텔레스로 회귀한 듯 보이지만, 하비 이래의 의학의 방향은 고대로 향한 것이 아니었다. 그 이후의 해부학과 생리학이라는 서양 근대 의학의 중요한 토대를 구축하는 방향으로 진행되었다. 하비의 피의 순환은 바로 서양 근대 의학의 중요한 방향을 제시하는 연구 결과였던 셈이다.

세균과 페니실린, 창과 방패를 발견하다

병, 저주에서 벗어나다

병에 걸리면 아프고 괴롭고 힘들다. 그래도 나으면 다행이지만 끝내는 회복되지 못하는 때도 있다. 병에 걸리면, 특히 낫기 어렵다는 병에라도 걸리면, 사람들은 이 병이 왜 걸렸는지 생각한다. 뭘 잘못 먹었는지, 힘에 겨운 일을 한 것은 아닌지, 혹은 잘못된 생활 습관 탓인지 등등 말이다. 서양의 경우, 2000년 전에는 저주를 받거나, 신의 명령을 어기거나, 사회나 가족들이 하지 말라고 정한 일들을 몰래 하거나 해서 병에 걸렸다고 믿었다. 여기에는 귀신이나 악마의 장난도 포함되었다. 그래서인지 치료 방법도 신에게 빌거나, 신이나 제사장, 혹은 무당에게 치료를 부탁하거나 했다. 그들의 치료법이 아주 황당한 것만 있었던 것은 아니어서 각종 향이나 약초를 이용하거나 안마를 하기도 하고 편안하게 휴식을 취하게 하는 처방을 내리기도 했다.

이런 방법들로 간혹 병이 낫는 사람들이 있기도 했다. 이런 일이 생기면 치료자는 '용하다'는 명예를 얻었다. 하지만 병의 원인만을 생각해 본다면 그렇게 타당한 것으로 보이지는 않는다.

이런 초월적 혹은 초자연적인 원인으로 병을 바라보던 시선이 바뀌기 시작했는데 그 중심에는 유명한 히포크라테스가 있었다. 많은 병들의 증세를 모으고 분류했으며, 병들을 진단하고 처방한 문서들을 모아 『히포크라테스 전서』로 집대성해 유명해졌다. 그는 이 과정에서 병은 사람을 이루는 4체액의 균형이 깨져 생긴다고 주장했다. 따라서 그의 처방은 깨진 균형을 바로 잡는 데에 집중되었다. 치료를 위해서는 병뿐만이 아니라 환자도 연구해야 하고, 이를 바탕으로 체액의 균형을 조화롭게 복구시켜야 한다고 보았다. 병의 원인을 저주니 신탁이니 하는 초자연적 요인들에 두고 치료법을 두서없이 찾아 헤매거나 자신의 경험을 비법 삼아 고집하던 이전과는 전혀 다른 생각이었다. 그에 의하면 4체액은 피, 점액, 황담즙, 흑담즙이며, 이 체액들은 각각 뜨겁고, 차갑고, 습하고, 건조하다. 그리고 봄, 겨울, 여름, 가을의 계절과도 관련이 있었다. 그는 4체액의 불균형을 바로잡는 가장 첫 방식으로 식이요법을 제안했다. 이것으로도 병을 고치지 못하면, 약을 써야 한다고 보았다. 너무나 자연적인 처방이었다.

동양에서는『황제내경』이라는 책이 병의 원인을 자연과 비자연으로 사이를 구분 짓는 기준이 되었다. 이 책은 먼 옛날, 그러니까 사람들이 중국에서 나라, 혹은 사회를 이루며 살기 시작했을 먼 옛 시절 지도자였던 황제 헌원(軒轅)을 주인공으로 하고 있지만, 이 책이 쓰인 것은 기원전 200년대로 알려졌다. 이 책 역시 신체 기운의 조화를 중요시하는데, 이 기운은 음양오행으로, 몸뿐만 아니라 자연과 자연이 만들어 내는 만물, 그리고 천체에도 존재했다. 사람의 병은 이 음양오행의 조화가 깨지고, 온몸으로 조화의 기운을 전하는 경락이 막혀 생긴다고 보았다. 저주나 귀신과 같은 초자연적인 영향에 의해 병이 생기는 것이 아니었다. 또 병을 치료하기 위해서도 자연을 이해해야 했다.『황제내경』은 안마와 침과 뜸으로 음양의 조화와 기의 순환을 원활하게 하고 이로써 부족하면 음양오행의 원리에 따라 지은 약을 함께 써야 한다고 권했다.

오랜 세월이 흐르며 병의 원인, 몸에 대한 생각들이 조금씩 바뀌기는 했지만 큰 틀이 변한 것은 아니었다. 다만 동양보다 전쟁을 심히 많이 하고 활동 범위를 전지구로 넓혔던 서양은 전투에서 다친 군사들의 치료를 통해 경험을 폭넓게 쌓을 수 있었다. 또 새로운 지역 탐험에 의한 풍토병, 전염병과 더불어 오랜 항해에 의한 영양 결핍과 관련한 분야들의 경험이 광범위하게 축적되었다.

전염병, 미지의 세계에 발을 디디다

19세기, 산업 혁명은 서양에서도 매우 낯선 경험이었다. 도시로 노동자들이 모여들었다. 특히 영국 섬유 산업의 발전은 땅에서 농촌 사람들을 몰아내고 양들의 목장으로 바꾸는 일로부터 시작되었다. 농사지을 땅이 없어진 사람들은 일거리를 찾아 도시로 몰려들었다. 도시는 갑자기 늘어난 사람들로 더러워졌고, 강도 더러워졌고, 거리도 더러워졌다. 심지어 석탄을 원료로 하는 공장의 기계는 밤낮없이 돌아가 공기는 심각하게 오염됐다. 도시에 사는 사람들은 약해져 병에 걸리는 일이 많아졌다. 이런 열악한 환경에서 사람들은 전염병으로, 또는 이유도 모른 채 죽어갔다. 하지만 당시 사람들은 병의 원인을 나쁜 기운, 혹은 나쁜 공기라고 여겼다. 거리와 하수구에서 뿜어져 나오는 더러운 냄새, 숨 쉬기 어려운 공기로 인해 병에 걸린다는 이야기였다. 이 주장에 의하면 환기를 자주 시키고, 창을 여러 개 더 내면 병을 막을 수 있었다. 아주 틀린 이야기는 아니었지만, 이것들만으로는 병을 막을 수는 없었다. 여전히 사람들이 병에 많이 걸렸고, 회복되지 않았다.

병은 세균이 옮긴다

프랑스의 파스퇴르(Louis Pasteur, 1822년~1895년)는 병에 걸리는 까닭은 눈에 보이지도 않은 아주 작은 균에 의한 것이라고 주장했다. 우리가 아는 그 파스퇴르다. 유산균으로 유명한 그가 병의 원인으로 작은 균, 우리가 세균이라고 부르는 것을 지목

파스퇴르가
연구하는 모습

한 것은 이미 발효와 부패와 관련해 연구를 계속해 온 덕분이었다. 파스퇴르는 공기 중에 놓인 젖산이나 알코올이 빨리 발효한다는 점을 발견하고 눈에 보이지 않는 작은 미생물들이 공기 중에 항상 존재하는지, 또는 저절로 발생되는지에 대해서 의문을 갖게 되었다. 또한 공기를 여과하는 방법과 발효되지 않은 액체를 높은 알프스 산의 공기 중에 노출시키는 방법처럼 간단하고 명쾌한 실험들을 통해, 음식 자체에서 새로운 생명체가 저절로 발생되는 것이 아니라 음식이 공기 중에 존재하는 균과 접촉하게 하면서 분해되거나 부패하는 것이라고 결론 내렸다.

이처럼 눈에 보이지도 않는 작은 균에 관한 연구를 진행하면서 발효와 미생물 관련성, 즉 발효는 작은 미생물이 활동한 결과임을 발견하고 누에, 식초, 포도주 등을 대상으로 연구를 지속했다. 그는 병의 원인에 대해서도 생각하기 시작했다. 특히 광견병을 주목했다. 이런 연구들을 바탕으로, 그는 병의 원인이 나쁜 기운이 아니라 세균이라는 가설을 주장했다.

파스퇴르보다는 조금 늦었지만 독일의 코흐(Robert Koch, 1843년~1910년) 역시 세균설을 주장했다. 물리학을 전공한 파스퇴르와는 달리 그는 학교에서 의학을 전공했으며 시골에서 의사로 일했다. 이런 이력으로 의학계는 파스퇴르보다 코흐를 수월하게 받아들였다. 그는 아내가 사 준 현미경을 통해 세균, 탄저균을 살펴보기 시작했다. 그리고 탄저병에 걸린 소들이 병이 생기는 기제를 연구하면서 이른바 코흐의 공리로 알려진 유명한 기준을 내세웠다.

코흐의 공리는 다음과 같다.

1. 미생물은 어떤 질환을 앓고 있는 모든 생물체에서 다량 검출되어야 한다.
2. 미생물은 어떤 병을 앓고 있는 모든 생물체에게서 순수 분리되어야 하며 단독 배양되어야 한다.
3. 뿐만 아니라 배양된 미생물은 건강하고 감염될 수 있도록 생물체에게 접종되었을 때 그 질환을 일으켜야 한다.
4. 배양된 미생물이 접종된 생물체에게서 분리되어야 하고, 이 미생물은 처음 발견된 것과 동일해야 한다.

이 공리는 그의 연구의 지침이 되었으며 미생물을 공부하는 많은 연구자들에게 알려졌으며 미생물 관련 연구 활동의 기준이 되기도 했다.

코흐가 비록 결핵균과 관련한 백신 개발에 성공하지 못했지만, 그는 병의 원인은 병원균이고 이 병원균이 몸에 들어가 병을 일으키고, 병이 난 몸에서는 병을 물리칠 항체를 만들어 낸다는 중요한 발견을 했다. 이는 병을 예방할 수 있는 중요한 길을 밝혀 준 일이었다. 파스퇴르와 코흐의 연구 결과 덕분에 결핵뿐만 아니라 물로 전염되는 콜레라의 원인균을 발견할 수 있었다. 질병에 관한 중요한 과제 가운데 하나가 해결된 셈이었다. 이 세균설을 확립한 파스퇴르와 코흐 모두 노벨상을 받았다.

병원균을 물리치는 약을 발명하다

병이 세균 감염에 의해 생겨난다는 이론은 인류로서는 기쁜 소식이었다. 모호한 나쁜 기운보다 명확해진 원인을 규명하게 된 것이다. 이 균에 의해서라면 적극적인 예방도 가능했다. 하지만 치료는 또 다른 문제였고, 특히 예방이 불가능할 경우는 더욱 더 어려울 수 있었다.

세균 감염에 의한 질병을 치료하기 위해서는 더 많은 경험들과 시간이 필요했다. 병균에 감염되어 병이 생기고, 이를 치료하기 위해서는 이 병균이 늘어나는 것을 일단 막아야 할 뿐만 아니라 이를 없애야 했다. 이런 목적에 맞춤한 약이 개발된다면, 인간은 적어도 병균에 의한 병과의 전쟁에서 중요한 교두보를 확보하게 되는 일이었다.

인간은 이 일도 이루어 냈다. 1940년대에야 비로소 발견되고 발명되었지만, 인간의 수명을 늘리는 데에 결정적으로 기여했다. 이는 흔히 항생제로 불리는 페니실린이며, 세 명의 영국 학자들 플레밍(Alexander Fleming, 1881년~1955년), 체인(Ernst Boris Chain, 1906년~1979년), 플로리(Howard

Walter Florey, 1898년~1968년)가 발견했고, 모두 노벨상을 탔다. 그만큼 이 약은 병으로부터 벗어나려는 인류에게 매우 필수적이었고, 사람들은 감염에 의한 죽음의 공포로부터 벗어날 수 있게 되었다.

처음 이 항생제를 발견한 사람은 플레밍이었다. 그는 푸른곰팡이에서 나타난 이상한 현상을 보았고, 이를 놓치지 않았다. 푸른곰팡이가 주변의 세균을 무섭게 공격해 푸른곰팡이 주변만 물질들이 썩지 않는 이상한 현상을 관찰했다. 그는 이 푸른곰팡이를 직접 먹거나 바를 수 없기 때문에 푸른곰팡이에서 균을 죽일 수 있는 핵심 필요 성분만을 뽑아내려 했다. 이 작업, 균을 죽이는 핵심 필요 성분으로 만드는 약, 이른바 항생제를 만들기 위해서는 엄청나게 많은 양의 푸른곰팡이가 필요했다. 심지어 푸른곰팡이라고 다 이런 효능은 가지지 않았으니 이 항생제 성분을 추출하는 기술은 매우 세밀하고 정밀하고 또 정교해야 했다. 그런 만큼 이 과정들이 모두 연속적 연구 과정을 통해 한꺼번에 이루어지지 못했다.

거의 모든 위대한 과학적 발견이 그러하듯 항생제 역시 처음 발견되었을 때 모든 사람들이 손뼉 치며 환호하며 받아들이지 않았다. 그보다는 의혹과 불신과 우려의 눈길을 보냈고 자신들의 관심이었던 병을 예방하는, 즉 백신의 발명에만 몰두했다. 이런 분위기에서 플레밍의 발견은 한동안 잊혀졌다. 하지만 많은

푸른곰팡이가 피는 일은 흔했을 것이다. 그 누구도 거기에서 인간을 구하게 될 기적을 만나리라고는 상상하지 못했을 것이다. 플레밍은 푸른곰팡이에서 나타난 이상한 현상을 보았고, 이를 놓치지 않았다. 푸른곰팡이 주변의 세균을 무섭게 공격해 푸른곰팡이 주변만 물질들이 썩지 않는 이상한 현상을 관찰했다. 그리고 수많은 푸른곰팡이들에서 이 현상을 일으키는 균만을 추출하는 데에 성공했다.

발견들이 그러하듯 이 역시 재발견되었다.

항생제가 되기까지

플레밍은 푸른곰팡이의 능력을 발견했지만 스스로도 곰팡이가 다른 균을 죽인다는 생각을 받아들인다는 것이 위험해 보였고, 의심스러웠다. 실제 푸른곰팡이만을 뽑아내기도 했지만 약효는 지극히 불안정했다. 연구가 지속되지 못한 것은 무엇보다 당시 벌어진 전쟁 탓도 컸다.

이런 환경 때문에 항생제에 관한 본격적인 연구는 10여 년 이후 영국에서 미국으로 건너간 연구진들에 의해 미국 정부의 지원으로 진행되었다. 인류에게 도움을 줄 정도의 양을 만들어 내기는 쉽지 않았다. 푸른곰팡이라고 모두 항생제를 만들지도 않았다. 13종류 가운데 오직 한 종류의 푸른곰팡이만이 이 고마운 물질을 생산했다. 발견된 이래 수많은 실험을 거쳐 비로소 성공할 수 있었고, 마침내 과학은 인류에게 최고의 선물을 선사했다. 이 항생제의 진가는 곧 발휘되었다. 일본에 의한 진주만 공격으로 부상당한 환자들의 치료에 극적인 성공을 거두었다.

무엇보다 위대한 점은 이를 발견해 내고 추출한 사람들이 이를 이용해 부를 쌓으려 하지 않았다는 점이다. 그들은 항생제를 누구나 제조해 필요한 사람에게 공급할 수 있도록 특허 출원을

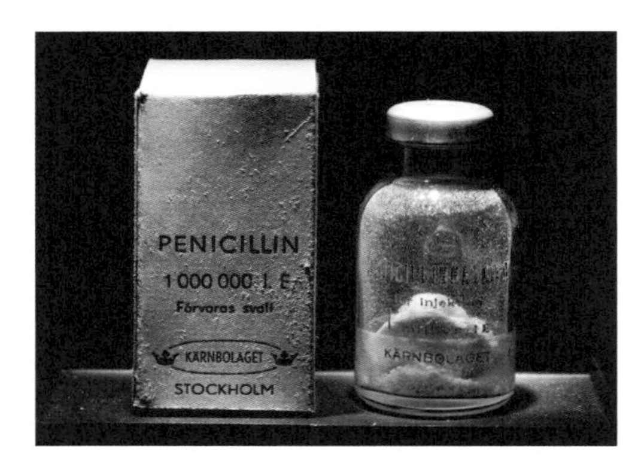

페니실린

하지 않아 질병의 고통을 받는 사람들이 매우 실제적인 도움을 받을 수 있었다. 과학의 감동적인 인류애를 목격한 것이다.

비록 지금, 수퍼박테리아로 불리는 페니실린으로 듣지 않는 새로운 병원체들이 새로 만들어져 인류의 건강을 위협하고 있지만, 적어도 페니실린이 발견되고 발명된 반백 년 동안 인류는 감염에 의한 질병의 고통에서 비교적 수월하게 벗어날 수 있었고 적어도 감염으로 죽음에 이르는 일은 현저하게 줄어들었다.

진화론, 신이 아버지가 아니라니!

듣도 보도 못한 생물체들이 출몰하다

코페르니쿠스의 태양 중심설만큼이나 인간의 자존심과 위상에 치명적인 흠집을 낸 과학적 발견이 있다. 바로 진화론이다.

18세기 중엽 이후부터 사람들은 '진화'를 자주 언급하기 시작했다. 다만 진화가 일어나는 방식을 증거와 함께 이야기하지 못했을 뿐이다. 이를 제시한 사람은 바로 다윈(Charles R. Darwin, 1809년~1882년)이다. 그는 왕과 유명한 정치가, 그리고 영국을 빛낸 역사적 인물들-예를 들면 헨델이나 셰익스피어처럼 요즘도 끊임없이 입에 올려지는 사람들-만 묻힌다는 웨스터민스터 사원에 묻혔다. 다윈은 의사 집안에서 태어났는데 말을 안 듣는 아들로 꽤나 부모를 걱정시켰다. 그로 인해 스스로도 상당한 부담을 느꼈지만, 다윈은 결국 전 사회를 흔들고 인류에게 새로운 미래를 열어 준 걸출한 과학자가 되었고, 세상의 존경을 받으며 떠났다.

다윈이 진화론의 메커니즘을 고민하게 된 것은 당시 사회 환경과도 밀접하게 연결되어 있다. 19세기 들어서면서 영국은 급격한 진보를 경험하면서 변모하는 세상의 중심처럼 보였다. 여기에 더해 제국주의 확장의 일환으로 '미지 세계로의 탐험'에도 열중했다. 이런 영국 사회의 움직임으로, 서유럽은 이전 사회에서는 듣지도 보지도 못한 다양한 생명체와 마주하게 되었다. 이 생명체들은 기존의 분류 체계 어느 곳에도 속하지 않는 듯했고, 좀 더 확실한 기준을 세우고 정리할 분류 체계가 필요한 지경으로 몰아넣었다.

이런 요구에 의해 만들어졌던 린네(Carl von Linne, 1707년~1778년)의 새로운 분류 체계도 이 새로 발견된 생명체들을 감당하기 어려웠다. 수많은 새로운 생명체가 어디에도 소속되지 않은 채 남겨졌다. 이런 변종일지 잡종일지 모르는 생명체는 동물에만 국한되지 않았다. 심지어 동물 같기도 하고 식물 같기도

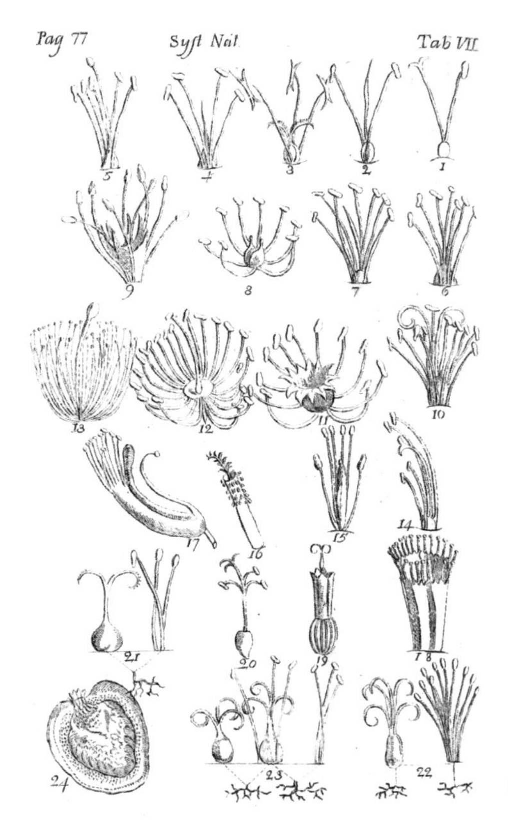

린네의 자연 분류 체계

한 것들이 발견되었다. 이런 일이 가능한가? 하느님이 왜 이런 생명체들을 창조했는가?

이런 생명체에 대한 대답 가운데 하나는 고대 그리스의 탁월한 생물학자 아리스토텔레스를 소환하면서 제시되었다. 이 위대한 자연 철학자 아리스토텔레스의 틀 대부분은 16, 17세기 진행된 과학 혁명으로 깨졌지만, 생물학 분야에서는 여전히 권위를 인정받고 있었다. 그것은 그의 섬세하고 주의 깊은 생물체에 대한 관찰에 따른 결과였다. 18, 19세기 그의 생각 가운데 '존재의 큰 사슬'로 정리되는 자연계의 질서에 대한 관념이 이 무질서하기 이를 데 없는 자연 세계에서 다시 조망되었다. 이 생각에 의하면 자연 세계의 모든 생명체는 가장 하등한 것으로부터 가장 고등한 인간에 이르기까지 하나의 사슬로 이어져 있다. 이 사슬은 완전히 연속적이어서 종과 종 사이에 빈 공간이 없었다. 그리고 종과 종 사이사이, 즉 중간 종, 혹은 잡종처럼 보이는 생명체를 배치할 수 있고 또 많은 생물체들이 그 언저리 어딘가에 존재할 수 있었다. 특히 이 생각대로라면 종이 변화할 수 있고, 실제 변화했다.

지구, 하느님의 창조물이 아닐 수도 있다

당시 사회를 지배했던 기독교는 이런 새로운 동물들로 혼란에 휩싸였다. 특히 이전에 보도 듣도 못했던 생물들, 예를 들면 그들이 보기에 못생기고 느리고 게으른 나무늘보 같은 동물들의 존재는 부지런하고 하느님의 아름다운 질서를 밝히기 위해 열심이었던 기독교도들에게는 충격이었다. 어쩌면 자연에 깃든 모든 생물들을 하느님이 결정하고 확정 지은 설계대로 창조했다는 생각 자체가 틀렸을 수 있다는 회의와 의심이 꼬리에 꼬리를 물고 등장했다.

심지어 지구 역사에 대한 기독교적 믿음도 깨지기 시작했다. 성경에서는 지구의 나이를 6천 년, 길어야 8천 년 정도로 삼았다. 이런 종교적 지구 역사에 대한 의심은 19세기 이래 과학의 분야로 자리 잡기 시작한 지질학에서 제기되었다. 지표면의 변화를 보면서 지질학에서는 급격한 대변동에 의해 지표면이 구성되었다는 성경을 기반으로 한 가설과 성경과 관계 없이 오랜 기간에 걸친 동일한 과정에 의해 지표면을 이루었다는 생각이 격론을 벌였는데, 후자인 동일 과정설은 성경이 제시한 시간보다 엄청나게 훨씬 더 긴 세월과 시간을 필요로 한 가설이었다. 그리고 이 지질학적 가설은 고대 생물 화석의 발견, 예를 들면 맘모스나 삼엽충 같은 화석들에 의해 힘을 가지게 되었다. 이들 화석은 실제 성경에 의한 지구의 역사보다 더 오래 된 것처럼 보였기 때문이었다.

삼엽충 화석

지질학에서는 논의를 통해 지구의 나이를 18만년 정도로 늘렸다. 성경에서 말하는 지구의 시간보다 30배나 길어졌다. 이렇게 길어진 지구의 나이는 자연계 생물체의 종이 변화하는 데에도 매우 중요한 역할을 했다. 6000년이라 봐야 한 세대를 30년으로 치면 나보다 200대 위 정도에 지나지 않았다. 그런데 다윈의 진화론은 내 200대 위의 아버지가 인간이 아니라는 주장이었고, 이는 차마 받아들이기 쉽지 않은 가설이었다.

시대의 흐름 : 다윈만이 진화를 이야기한 것은 아니다

당시 이런 낯선 생명체들을 수용하는 방법을 제안한 사람은 또 있었다. 다윈의 할아버지인 이래즈머스 다윈(Erasmus Darwin, 1731년~1802년)도 일찍이 생명체들이 환경에 적응하여 변화한다는 당시로서는 매우 선진적이고 진보적인 가설을 제안한 바 있다. 이런 점을 감안하면 그의 손자 찰스가 진화론을 이야기하는 것은 다윈 집안에서는 낯선 일은 아니었다.

이래즈머스 다윈에게 영향을 미친 사람은 프랑스의 라마르크(Jean-Baptiste Lamarck, 1744년~1829년)였다. 그는 종의 변화에 '시간'을 도입했다. 종은 시간이 지나면서 변화한다는 것이다. 여기에서 더 나아가 환경에 생물체가 적응한 결과가 다음 세대로 전해진다고 주장했다. 사용하지 않는 동물의 기관은 퇴

화되고, 동물 길들이기로 만들어진 형질이 다음 세대로 이어지는, 이른바 '획득 형질의 유전', '용불용설'을 제시한 것이다. 이처럼 당시 자연에 관심을 가지고 있던 사람들은 종들이 하느님이 창조한 대로 고정된 것이 아니라 변화한다는 점을 받아들이고 있었고, 그것이 일어나는 방식을 설명하기 위해 고심했다.

비글호의 탐험

의사가 되지도 못했고, 목사가 되지도 못했던 다윈이 어떻게 "진화가 어떻게 일어나는지"와 같은 과학적으로 중요한 가설을 제시할 수 있었던 것일까? 이는 바로 그가 비글호를 타고 미지의 세계로 탐험을 한 덕분이었다. 해군 측량선 비글호는 1831년 12월부터 1836년 10월까지 무려 5년간이나 남아메리카, 태평양, 인도양, 남아프리카를 항해했다. 박물학자 다윈이 이 군함에 타게 된 것은 어릴 때부터 자연의 모든 것들을 꼼꼼하게 관찰하고 기록하는 습관 때문이었다. 다윈이 지닌 이 탁월한 재능을 발견한 케임브리지 대학의 스승은 이 군함의 박물학자로 그를 추천했다. 다윈은 새로운 지역의 자연을 관찰하고 탐구하는 자연학자로 배에 타는 기회를 잡을 수 있었다.

다윈은 비글호를 타고 항해한 덕분에 생물의 특징을 세심하게 살필 수 있었다. 특히 갈라파고스 군도를 탐험하면서 이 독특한

비글호를 타고 더 넓은 세계로 나가게 된 다윈은 그곳에서 여러 생명체들을 마주했다. 그가 관찰한 내용들을 바탕으로 펼친 이론들은 세상에 충격을 주기에 충분했다. 다윈의 진화론은 생물학의 큰 뿌리이기도 하다.

환경을 가진 섬들의 생명체들로부터 몇 가지 특징들을 발견하게 되었다. 특히 이 섬들에서 그동안 화석으로만 보던 동물들을 실제로 볼 수 있었다. 살아 있는 상태로 말이다. 또 같은 종인데도 사는 지역에 따라 차이가 난다는 점도 볼 수 있었다. 그리고 겨우 수십 마일밖에 떨어져 있지 않은 갈라파고스 군도의 섬들에 각각 다른 동물상과 식물상이 분포되어 있음도 관찰할 수 있었다.

이런 관찰을 바탕으로 다윈은 지역에 따라 나타나는 종의 차이에 대한 생각을 정리했다. 진화가 주위 환경에 적응하는 과정에서 일어나고 있고, 같은 지역의 기후와 풍토가 같은 섬들에도 다른 종들이 분포될 수 있다고 말이다. 그래서 종의 진화에 영향을 미치는 환경이 기후, 풍토와 같은 물리적 조건만이 아니라고 생각했다. 이처럼 비글호의 탐험은 그로 하여금 진화, 즉 종이 변한다는 생각을 명확하게 가지는 계기가 되었을 뿐만 아니라 연구 질문을 분명하게 세우게 된 계기가 되었다.

종은 변한다, 왜?

다윈의 연구 질문은 간단했다. '무엇이 종을 변화시키는가?' 집으로 돌아온 그는 종이 변하는 과정을 집중적으로 연구했다. 영국은 장미의 품종 개량으로 유명했고, 자연스럽게 그는 원예가들이 종을 변화시키는 과정을 관찰할 수 있었다. 그리고 비둘기 사육사 같이 동물을 개량시키는 방법도 살펴보았다. 그는 원예가나 사육사들은 자신들이 원하는 성질을 가진 것들만을 선택해서 번식시키고 개체를 더 많이 얻어 내고 있음을 보았다. 그런데 자연에서는 누가 이런 역할을 하는가? 그는 이 질문을 해결하려 노력했다.

수많은 관찰이 수행되었다. 이런 정도의 가설은 다윈 말고도 많은 사람들이 할 수 있는 이야기였다. 답답해진 그는 쉬었다. 쉬는 동안 멜서스(Thomas Robert Malthus, 1766년~1834년)의 유명한 『인구론』을 읽었다. 이 책은 당시 영국 사회를 살펴 문제점을 지적했고 인간 사회의 미래를 제시했다. 이 책의 주요 논점은 "인간은 기하급수적으로, 즉 매우 빠른 속도로 인구수가 증가할 것이고 그들이 소비할 식량은 산술급수적으로, 즉 매우 느린 속도로 증가할 것이기에 이 부족한 식량을 둘러싼 치열한 생존 경쟁이 전개될 것이며 이 생존 경쟁에서 이긴 사람들만이 살아남는다."는 것이었다. 이 무시무시한 주장에서 그는 큰 힌트를 얻었다. 바로 '먹이를 둘러싼 경쟁'이었다. 이 경쟁으로 종들이 변화하고, 자연환경에 잘 적응하는 것만이 살아남는다는 것이다. 자연이 변화된 종을 선택하면 그 종이 세월이 지나면서 자연에 살아남는다는 결론에 도달했다. 그에 따르면 먹이, 그리고 기후를 포함한 자연환경이 종을 변하게 했다.

다윈만이 이런 생각을 한 것은 아니다. 남아메리카와 말레이 군도를 여행한 왈라스(Graham Wallas, 1858년~1932년)도 다윈과 같은 생각을 했다. 그는 다윈에게 자신의 논의를 정리한 편지를 보냈고, 다윈은 왈라스의 편지를 보고 절망에 빠졌다. 하지만 과학자에게 가장 큰 명예이기도 해 보통 진흙탕 싸움으로 번지곤 하는 우선권 논쟁은 다윈과 왈라스의 경우, 논쟁으로 번지지도 않았다. 그 둘은 과학사에서 유례를 볼 수 없는 아름다운 타협으로 문제를 원만히 해결했다. 둘의 이름으로 같이 논문을 발표한 것이다. 공동 발견으로 말이다. 그리고 그는 이를 유명한 『종의 기원』에 정리해 출간했다.

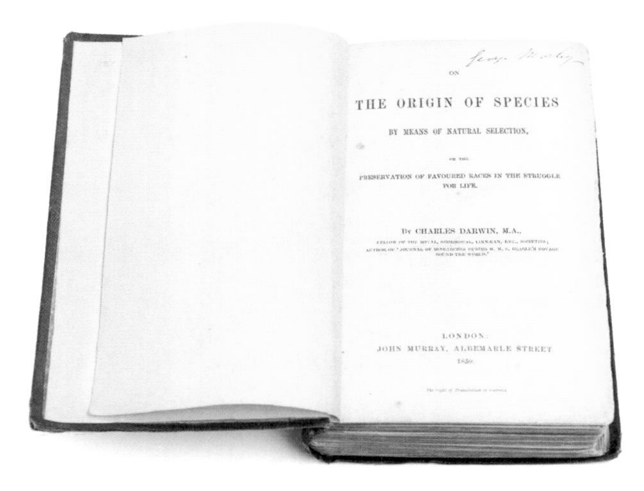

다윈의 『종의 기원』

남겨진 문제들

왈라스나 다윈은 "어떻게 생명체의 성질들이 다음 세대로 이어지는가"와 관련한 질문과 "인간도 과연 진화하는가"와 같은 문제에는 답하기 어려웠다. 특히 다음 세대로 형질이 이어지는 방식에 대한 문제를 해결할 수 있는 편지를 그가 받기는 했지만, 그는 이 편지의 의미를 이해할 수 없었다. 이 편지를 보낸 사람은 바로 수도사 멘델(Gregor (Johann) Mendel, 1822년~1884년)이었다. 수도원의 텃밭에서 강낭콩을 키우면서 세대 간의 특성들이 나타나는 방식을 연구한 그는 이를 결론내기 위해 아주 간단한 통계학 방식을 사용했고, 이를 정리해 다윈에게 편지를 보냈다. 하지만 그의 편지는 다윈뿐만 아니라 박물학을 다루는 당대 다른 학자들이 이해하기에 쉽지 않았다. 멘델의 주장은 1915년대 모건(Thomas Hunt Morgan, 1856년~1945년)에 의한 초파리 실험의 결과와 같았고, 그의 글은 모건에 의해 다시 제기되어 빛을 발할 수 있었다. 바로 형질 유전에 관한 글이었다.

자연의 만물은 우성 형질의 발현이라는 방식으로 세대 간 유전을 한다는 사실은 밝혀졌다. 그런데 더 궁극적인 문제가 남았다. "유전에 관여하는 물질은 무엇이고 이를 가능하게 한 생명의 근본 물질은 무엇이며, 변종이 발생하는 원리는 무엇인가?"

와 같은 근본적인 질문들이 남겨졌다. 이 질문들에 답하는 과정이 생명을 본격적으로 다루는 전문적인 분야, 즉 생물학의 탄생의 배경이기도 했다.

DNA의 발견, 창조주의 대열로 들어서다

생명을 본격적으로 다루다

20세기 비로소 '생명은 무엇인가'라는 문제가 전면에 대두되어 이를 본격적이고 집중적으로 다루려는 움직임이 시작되었다. 음… 아니라고? 물론 생명을 다루는 분야는 이전에도 있었다. 하지만 약학에서 조금, 의학에서 조금, 화석을 다루면서 찔끔, 생명을 다룬다고는 했지만 그것이 본격적이지는 않았다는 이야기다.

이렇게 본격적으로 생명을 다루려는 시도의 빌미가 된 사건은 다윈의 진화론이었다. 진화론은 생명을 본격적으로 다루는 생물학이 전문 분야가 될 수 있다는 생각을 하게 된 계기가 되었다. 진화를 둘러싼 여러 연구 과제들로 과학자들이 생명 현상이라는 것에 집중할 수 있게 되었다. 전문 분야라는 것은 한 분야를 다루는 특별한 방법으로, 특징적인 질문을 해결하려는 사람들이 전문적으로 훈련 받고 교육 받아 공통의 연구를 하면서 서로의 연구 결과를 학회나 학술지를 통해 공유함으로서 성립된다.

생물학이 전문 분야가 되었다는 것은 생물, 생명 현상을 다루는 생물학자가 관찰과 실험을 통해 얻은 결과를 생물학회와 생물학술지를 중심으로 공유하고 상호 비판하는 과정을 겪으며 존재하게 되었음을 의미했다.

생물학이라는 분야가 전문화되면서 이를 다루는 방법에도 여러 변화가 생겼다. 해부와 생리, 관찰도 여전히 중요한 연구 방법이었다. 하지만 이는 매우 전통적인 방법이었다. 이런 방법 말고 물리학이나 수학, 화학, 그리고 새롭게 선보였던 결정학 등에서 쓰이는 방식이 생물학 연구에도 도입되었다. 새로운 방법이 도입되었다는 것은 생명체를 분석적이고 실험적인 방법으로 다루게 되었다는 것을 의미했고, 이는 생명체를 복잡한 기계로 인식하기 시작했음을 뜻하기도 했다. 이렇게 훈련된 사람들은 생물학 분야로 진입해 생명체를 분해하고 분석하고 실험하기 시작했다.

유전되는 방법을 궁금해 하다

이와 같은 분야들의 진입은 다윈 이후의 사람들이 궁금해 한 생명체의 유전 물질에 관한 의구심을 해결하는 데에 기여했다. 다윈의 진화론이 생명체를 다루는 분야를 모으는 데에 영향을 미쳤지만, 다윈 진화론은 "'변종'이 어떻게 유전되는가"에는 해답을 제대로 제시하지 못했다. 변종이 생겨나 그 변종이 자연에 의해 선택되면, 즉 자연에서 먹이를 확보할 수 있으면 생존할 수 있지만, 이 변종이 다음 세대에 다시 등장하는 방식에 대해서는 설명할 수 없었던 것이다.

비록 멘델이 유전 형질이 발현되는 방식과 관련한 유전 법칙을 정리했다 하더라도 유전의 메커니즘을 밝히거나 유전 물질을 밝힌 것도 아니었다. 거기다가 멘델의 업적은 1910년대 중반에야 비로소 모건에 의해 재발견될 때까지 알려져 있지 않았으니, 유전과 관련한 많은 의문들은 50여년 동안 사람들 머릿속에서 맴돌며 유인원과 인간 사이의 관계를 의심케 했다.

이런 의혹들은 새롭게 전문 분야가 된 생물학의 중심 주제 가운데 하나로 자리잡았다. 유전 물질에 대한 연구가 활발해졌다.

세포를 들여다보고 세포를 이루는 다양한 조직들을 살폈다. 핵, 염색이 잘되는 조직, 왜 존재하는지 모를 조직, 세포막 등을 들여다보면서 각각의 기능을 연구하기도 했다. 그리고 마침내 5탄당(五炭糖, 5개의 탄소가 중심이 된 DNA) 분자도 세포 안에서 발견했고, 유전 물질로 받아들였다.

유전자 DNA 발견과 구조의 해명은 생물체를 마치 기계처럼 분석하고 해석할 수 있게 한 사건이었다. 이는 매우 최근의 일이라 할 수 있는 1953년의 일이었고, 이 DNA로 인간이 신의 피조물이라는 오랜 관념으로부터 완전히, 완벽하게 벗어날 수 있게 되었다.(물론 아직도 이를 믿어 의심치 않는 사람들이 있지만, 이는 자연과 과학의 영역이 아닌 종교와 신념의 문제이므로 이에 대해서는 더 이상 이야기하지 않겠다.)

DNA의 구조를 보기까지

DNA를 이야기하기 위해선 19세기 과학의 걸출한 산물인 X선을 짚고 넘어가야 한다. 이 X선은 매우 짧은 파장을 가진 일종의 전자기 방사선으로 독일의 물리학자 뢴트겐(Wilhelm Conrad Rontgen, 1845년~1923년)이 발견했다. 그는 그 당시 물리학자답게 양성자니 전자니 하는 매우 작은 입자들에 관심이 많았고, 우연하게 정체불명의, 그래서 이름도 'X'로 지을 수

뢴트겐이 X선을 발견한 실험실

밖에 없던 이 선을 발견했다.

뢴트겐은 어떤 빛도 새어 나올 수 없게 두껍고 까만 마분지로 음극선관을 싸고 심지어 암실에서 실험을 했다. 그런데 음극선관에 전류를 흘려보내자 몇 미터나 떨어진 책상 위 백금시안화바륨을 바른 스크린에 빛이 반짝이는 목격할 수 있었다. 그는 이 미지의 광선을 계속 연구했다. 음극선과 스크린 사이에 검은 마분지 대신 나무판자, 헝겊, 금속판 등을 바꿔 가며 실험을 반복했다. 심지어 1000쪽에 이르는 두꺼운 책도 놓아 보았다. 고무를 포함해 수많은 물질을 놓아 보았다. 이 미지의 선은 이 모든 물질을 통과하는 듯했다. 하지만 1.5mm이상 두께의 납을 통과하지 못했고 사람의 뼈도 통과하지 못했다. 이를 이용해 그는 사람의 몸에 이 미지의 선, X선을 쬐어 뼈를 볼 수 있게 했다.

뢴트겐은 사람의 뼈만 볼 수 있었으나 다른 연구자들은 이 X선을 이용해 다른 여러 가지 것들을 보기 시작했다. 그 연구자들 가운데 하나가 바로 로잘린드 플랭클린(Rosalind Elsie Franklin, 1920년~1958년)이었고, 그가 본 것은 유전 물질 DNA였다. 그는 기본적으로 DNA를 3차원, 그러니까 평면이 아닌 입체로 보려 했다. 이를 위해 끊임없이 카메라를 포함한 실험 도구들을 개발하고 정비했다. 그리고 실험 환경과 방법을 개선했다. 이런 노력 결과 그는 점점 DNA 구조가 잘 보이는 사진을 찍을 수 있었고, 이 구조를 해석하려 했다.

하지만 플랭클린은 실험실을 둘러싼 대학과의 마찰, 이웃 교수들과의 알력 같은 문제들로 주의력이 분산되어 그가 몰두해야 할 훌륭한 실험 결과 해석에 집중할 수 없었다.

그 사이 이 실험 결과를 손에 넣은 왓슨(James Dewey Watson, 1928년~)과 크릭(Francis Harry Compton Crick, 1916년~2004년)은 이를 해석하기 시작했고, 마침내 DNA 구조와 모형을 밝히기에 이르렀다.

DNA란 무엇인가?

DNA는 핵 속에 존재하며 유전에 관여하는 물질이다. 이 물질은 산성을 띠며 핵산의 한 종류로 핵 가운데 염색이 유난히 잘 되는 염색체 내의 염색사에 있다. 유전에 관여하는 또 다른 물질인 RNA는 핵과 세포질에 있다.

1860년대 세포의 핵에서 질소와 인을 함유하는 뉴클레인이라는 물질을 추출했는데, 당시 사람들은 이 물질이 염색체의 단백질을 고정시키는 역할 정도만 추측했다. 왜냐하면 지극히 단순한 구조를 가졌기 때문에 유전 물질이라고는 상상하지 못했던 것이다. 이렇게 뉴클레인이라고 했던 것이 바로 지금 우리가 알고 있는 DNA이다.

DNA가 유전정보의 매개체라는 것은 단순한 미생물 연구에서 밝혀졌다. 세균성 폐렴을 일으키는 폐렴균의 독성을 연구하다가 밝혀졌다. 폐렴균으로 다양한 실험을 하다 이 폐렴균의 DNA가 재생되며 폐렴을 일으키는 방식을 발견했던 것이다. 이 실험이 수행된 것도 1950년의 일이었다. 단지 간단한 물질들이 유전이라는 어마어마한 일을 감당하고 있던 것이다.

DNA는 A(아데닌) G(구아닌) C(시토신) T(티민)이라는 네 개의 핵산으로 구성되며, A(아데닌)와 G(구아닌)는 퓨린이라 불리는 유기 화합물에 속하고, C(시토신)과 T(티민)은 피리미

딘이라는 유기 화합물에 속한다. 이 네 개의 염기는 항상 단순하게 AG, CT끼리만 결합했다. 플랭클린이 바로 이렇게 결합된 DNA를 X선으로 영상화 하는 데에 성공했던 것이다. 또 샤가프(Erwin Chargaff, 1905년~2002년)는 "DNA는 퓨린과 피리미딘의 합친 양이 항상 같게 배치된다."고 주장했다. 그는 DNA를 화학적으로 분해해서 이를 이루는 A, C, G, T의 염기를 정확히 정량하는 방법을 개발하고 정량적 값을 구했다. 이를 토대로 이 두 계열의 염기들이 항상 같은 값을 이룬다는 점을 밝혔다. 왓슨과 크릭은 플랭클린의 사진에 샤가프의 이론을 적용해 DNA는 A-T, G-C의 합이 항상 같게 구성되도록 두 가닥의 DNA가 나선처럼 꼬인다고 발표했다.

이렇게 보면 왓슨과 크릭이 한 일이라고는 플랭클린의 X선 회절 사진과 샤가프의 DNA 염기와 관련한 실험 법칙을 종합한 것에 지나지 않았다고 할 수 있다. 그들은 DNA의 이중 나선 모형을 완성해 화학적 특성을 정리해 네이쳐(Nature) 학술지에 기고했고, 과학자들은 DNA의 모형을 인정했다. 그렇다고 왓슨과 크릭이 한 일들이 가치가 없다는 것은 아니다. 앞선 실험 결과들을 해석할 수 있는 능력이 있었고, 어떤 면에서 보면 그들이 전통적 생물학자가 아니었기 때문에 가능한 일이기도 했다.

그리고 여기에 더해 DNA가 복제되는 방식을 제안한 일도 중요한 업적이다. DNA의 한 가닥을 주형으로 삼아 새로 합성된

왓슨과 크릭은 플랭클린의 X선 회절 사진과 샤가프의 DNA 염기와 관련한 실험 법칙을 종합해 DNA의 이중 나선 모형을 완성하고 화학적 특성을 정리해 네이쳐(Nature) 학술지에 기고했다. 생명의 비밀을 풀기 위한 기본 바탕을 제공한 일이었다.

DNA에서 보존될 것이라는 가정은 이후 실험에서 정확하게 증명되었고, 그들로 인해 유전이 이루어지는 방식을 이해하는 데에 한 걸음 더 다가갈 수 있게 되었다.

유전, RNA가 한다고

DNA의 화학적 특성과 구조가 발견되자 유전자는 유전 정보를 가지고 있는 분자로 이해되기 시작했다. 하지만 어떻게 유전이 일어나는지를 아는 것은 다른 차원의 일이었다. 물론 DNA가 그것을 할 것이라는 가정을 바탕으로 수많은 노력이 이어졌다. DNA 안에 저장된 유전 정보가 스스로 복제되고 그 정보가 RNA를 거쳐 단백질로 발현된다는 '중심 원리' 도 제안되었다.

'중심 원리' 는 DNA에 저장된 유전 정보가 베껴져서 — 이를 전사(傳寫)라고 한다 — RNA라는 핵산을 만들고, 이 RNA의 염기 서열을 단백질의 아미노산 배열로 고쳐 쓰는 번역 작업을 거치면서 단백질 분자가 합성되는 한 방향으로만 유전 정보가 발현되어 형질을 나타낸다는 생각이다. 이는 왓슨에 의해 제시된 것이고, 왓슨의 성공을 믿어 의심치 않던 많은 과학자들은 이 생각을 따랐다. 그런데 RNA가 단백질을 만든다니! DNA에 따라 RNA가 만들어지는 정도를 알고는 있었지만, 이 RNA가 단백질을 만드는 주체라는 생각은 하지 못했다.

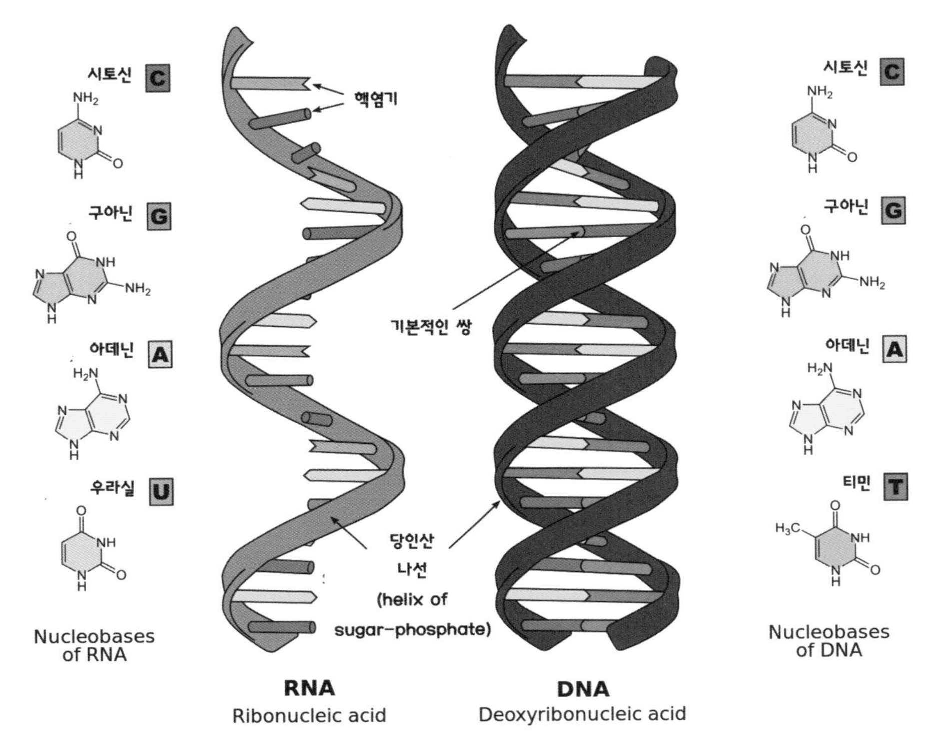

RNA와 DNA의 구조

과학자들은 RNA가 단백질을 만들어 유전을 수행하는 방식을 알아내기 위해 노력했다. 마침내 1957년, tRNA라고 이름 붙여진 유전에 관여하는 물질이 발견되었고 이를 통해 유전의 암호가 염기 서열을 아미노산 서열로 바꾸는 방식을 이해할 수 있게 되었다.

DNA 및 RNA 구조의 발견과 유전이 이루어지는 방식을 이해한 일은 생명 활동의 시작이자 마지막이 바로 '물질'이라는 놀라운 사실을 밝혀 준 것이다. 이제 생명체가 아쉽게도 기계와 같다는 주장을 뒤집을 수 없게 되었음을 의미했다. 하지만 또 한편으로는 생명 현상 자체를 이해할 수 있게 됨으로써 이를 조작하여 새로운 생명체도 만들 수 있는 수준에 이르게 되었다. 즉 인간 역시 창조주의 지위를 가질 수 있게 되었다. 그것이 자연에 해를 가하게 될지, 인류 미래에 어떠한 영향을 미칠지, 같은 생각은 차치하고 말이다.

양자 역학, 자연이 확률로 존재하다

아주 작은, 원자보다 작은 입자에 관한 이야기

양자 역학이란 아주 간단하게 정리하자면 자연 세계가 확률로 존재한다는 것이다. 뭔 이상한 말이냐고? 자연의 하나인 내가 확률로 존재한다고? 물론 그런 것은 아니다. 자연 세계를 이루는 기본 물질인 원자 수준에 관한 말이다. 더 이상 쪼개지지 않는 가장 작은 물질이라는 돌턴의 주장이 깨지고 원자는 중앙의 양성자, 중성자로 이루어진 핵과 그 주위를 같은 에너지 궤도에 따라 도는 전자들로 이루어져 있음이 밝혀졌다. 각종 작은 입자들(소립자)이 이루는 원자의 크기는 0.00000001mm 정도라고 이야기 할 수 있다. 물론 원자의 종류에 따라 다르기는 하지만 말이다. 사람이 아무런 도구를 쓰지 않고 0.1mm도 보기 어려운데 이 크기는 무척이나 작다. 원자를 이루는 요소들 가운데 가장 큰 것이 핵인데 그나마도 0.0000000000001mm정도이다. 이런 상상도 할 수 없는 작은 크기의 세계에서는 이들의 위치를 정확하게 아는 일은 불가능해 그저 확률로밖에는 알 수 없다는 생각이다. 이름하여 불확정성의 원리라고 불리는 법칙의 중심 주장이며 이는 현대 양자 역학의 핵심 원리이다. 확률로 존재한다는 것은 정해진 위치에 존재할 수도 있고 존재하지 않을 수도 있다는 말이며, 이런 이상한 세계에 대해 아인슈타인은 극렬하게 저항했다. 신은 주사위 놀이를 하지 않는다고 하면서 말이다.

자연 세계를 보는 눈이 달라지다

원자와 같이 아주 작은 세계의 일에 과학자들이 관심을 가지게 된 것은 과학 혁명 이래 자연에 대한 태도 변화에 기인했다. 과학 혁명으로 사람들은 자연을 기계와 같다고 여기기 시작했고 이를 바탕으로 자연의 많은 현상을 이리저리 자르고 도려내어 실험실로 가지고 들어와 그 원리를 이해하려 했다. 이런 작업을 격려하고 활성화 시킨 것은 바로 과학 혁명을 완성했다고 하는 뉴턴이었다.

뉴턴은 『프린키피아』를 발간한 후 『광학』이라는 책을 펴냈고, 이를 통해 단일한 현상이라고 여겼던 빛을 분해했다. 여기에 더해 빛, 전기, 자기, 열과 같은 현상에도 만유인력과 같은 힘이 작용할 것이라고 의견을 제시했다. 열, 빛, 전기, 자기와 같은 현상은 이름하여 실험 물리학에 관련된 것으로 이를 위한 각종 실험 기구 제작, 기계적 분석과 더불어 다양한 해석, 이론들이 제시되었다.

특히 실험 기구의 제작과 발전은 자연의 현상을 분석하고 결과와 이를 이용하는 새로운 분야를 낳았다. 이런 과정이 거듭되면서 마침내 방사선을 발견했고, 이는 자연의 비밀을 풀려는 과학 혁명 이래의 연구에 중요한 전환점을 제공했다. 뢴트겐이 발견한 X선을 많은 분야의 다양한 학자들은 자신의 연구에 이용하기 시작했다. 물리학자들도 역시 마찬가지였다.

파동 같은 파동 아닌 파동인 빛?

17, 18세기와는 차원이 다른 연구 활동 결과들이 쌓이자 제대로 설명이 되지 않는 현상들이 드러나기 시작했다. 수학적으로 별 문제가 없는 이론들이 현상의 기본 전제들과 잘 들어맞지 않

는 일들이 발생했고 당시 물리학자들 가운데 몇몇은 이 문제의 심각성을 알고 있었다. 이들의 고민은 거칠게 말하면 '빛이 파동'이라는 데에 있었다. 빛이 파동이라고 가정하면, 19세기 놀랍게 발전한 전자기학과 방사선에 관한 연구 결과들은 잘 설명이 되지 않았다.

먼저 전자기학을 살펴보자. 전자기학을 획기적으로 발전시킨 맥스웰은 빛과 전자기를 합쳐 적외선이나 자외선과 같은 볼 수 없는 빛의 영역을 포함한 많은 자연 현상들을 설명했고, 전파 같은 새로운 종류의 광선들을 예견하게 했다. 이를 가능하게 한 그의 이론을 간단하게 설명하면, "빛은 전자기적 요동과 연속적인 파동으로 이루어졌다."는 것이었다.

하지만 맥스웰의 과학적 업적과 설명에도 불구하고 전자기 복사와 관련한 몇몇 현상은 명쾌하게 설명되지 않았다. 그 가운데 하나는 물체가 매우 높은 온도로 가열될 때 빛이 방출되는 정확한 방식, 그리고 빛이 금속의 전자를 방출하게 하는 현상 등이었다. '빛을 파동'이라고 가정하면 이 현상은 설명하기 어려웠다. '매우 높은 온도로 가열된 물체가 어떻게 아무런 빛으로 나타나지 않는 흑체 복사의 형태를 띠는가? 파동인 빛이 금속의 전자를 어떻게 콕 집어 원자로부터 콕 집어 떨어트려 내보낼 수 있는가?' 등 의문으로 남았다. 막스 플랑크(Max Karl Ernst Ludwig Planck, 1858년~1947년)나 드 브로이(L. de Broglie,

1892년~1987년)는 각각 흑체 복사나, 물질파를 설명하기 위해 노력했다. 러더퍼드(Ernest Rutherford, 1871년~1937년)처럼 전자만을 톡 떨어트리는 원자의 모형에도 관심을 가지는 과학자들이 생겨났다.

이런 의문들은 빛이 파동의 성질만을 가지지 않고, 아인슈타인이 제시한 광양자, 즉 에너지 덩어리 같은 형태라고 생각하면 해석이 가능해졌다. 그래도 이 생각만으로 빛이 파동이라는 믿음을 완전히 해소시킬 수는 없었다. 이 에너지 덩어리가 수학적으로는 완벽하게 맞는 값을 가지지만 말이다.

심지어 아인슈타인의 광양자 가설은 설명이 어려운 현상을 설명하기는 했지만 근본적으로 받아들이기 쉬운 제안은 아니었다. 빛이 흐르는 에너지인 파동이기도 하지만 또 한편으로는 에너지 덩어리라니… 마치 물 위를 떠다니는 꽃가루처럼 말이다. 파동의 성격을 가지는 물에서 아주 작은 입자인 꽃가루는 물과 같은 운동을 할 것이라고 기대되지만 이와는 달리 꽃가루는 톡톡 물 위에서 직선 운동을 한다. 꽃가루가 물에서 하는 운동을 브라운 운동이라고 하는데 이에 힌트를 얻은 아인슈타인은 빛 역시 이런 물속의 꽃가루처럼 운동하고 있다고 가정했다. 그리고 수학적으로 이를 보였다. 그럼에도, 아무리 탁월한 수학적 설명을 제시했다고 하더라도 빛이 파동이라는 세계 속에서는 받아들이기 어려웠다. 이에 따르면 빛이 연속된 흐름이 아니라 하나하나 떨어져 있는 각각의 알갱이니 말이다.

원자라는 아주아주 작은 존재에 대하여

아인슈타인이 이런 연구를 하는 동안, 전자를 내어놓는 원자에 대한 연구들이 지속되었다. 러더퍼드는 매우 얇은 금속판에 알파선을 쪼였다. 그는 원자가 건포도빵 같을 거라고 생각해 X선을 쪼여 이를 증명하려 했다. 하지만 실험은 생각대로 되지 않았다. 오히려 태양을 중심으로 한 태양계처럼, 원자는 원자핵을 중심으로 한 구조로 보였다. 이 결과를 바탕으로 양성자와 중성자가 만드는 원자핵 그리고 그 주변의 전자라는 생각이 등장했다.

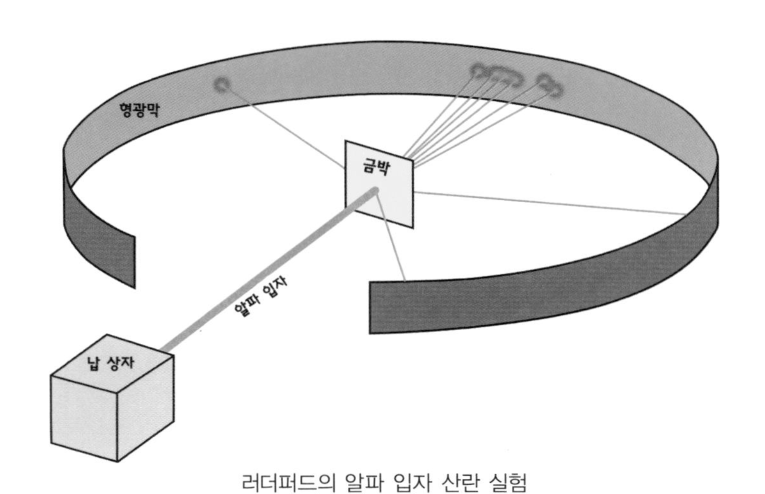

러더퍼드의 알파 입자 산란 실험

그렇다면 전자는 원자핵과 어떤 관계에 있을까? 이에 대한 대답으로 보어(Niels Henrik David Bohr, 1885년~1962년)는 수소 원자 모델을 제시했다. 그의 모델은 태양계처럼 원자핵을 중심으로 전자가 궤도를 도는 것으로, 전자가 도는 궤도를 수학적으로 제공한 것이었다. 문제는 그의 수학식이 딱 수소 원자에만 맞아떨어진다는 것이었다. 100개 가까운 원소들 가운데 딱 수소에만 맞는 수학적 모델이었다. 보편적이지 않은 이 모델은 '말이 안 된다' 고 여겨졌다.

파동 같기도 하고 낱낱의 알갱이 같기도 한 에너지 덩어리가 태양계 같이 핵 주변을 돌고 있다는 것을 수학적으로 드러내는 일은 그리 간단하지 않았다. 여기에 '확률' 이라는, 자연계에 있어서도 안 되고 있을 수도 없는 생각이 개입되었다. 바로 하이젠베르크(Werner.K. Heisenberg, 1901년~1976년)가 제안한 위치-운동량에 대한 불확정성 원리 말이다. 그의 제안은 입자의 위치와 운동량을 동시에 정확히 측정할 수 없다는 의미였다. 입자의 위치를 정확하게 측정하면 운동량의 불확정성 정도가 커지고, 반대로 입자가 가지는 운동량이 정확하게 측정될수록 입자의 위치는 정확히 알 수 없다는 뜻이었다. 보통 사물의 세계에서는 운동하는 물체의 위치는 정확하게 알 수 있는데, 전자 수준의 아주 매우 작은 입자들의 수준에서는 이를 알 수 없다는 이야기다. 이 말은 전자 수준의 작은 입자들의 세계에서는 운동하

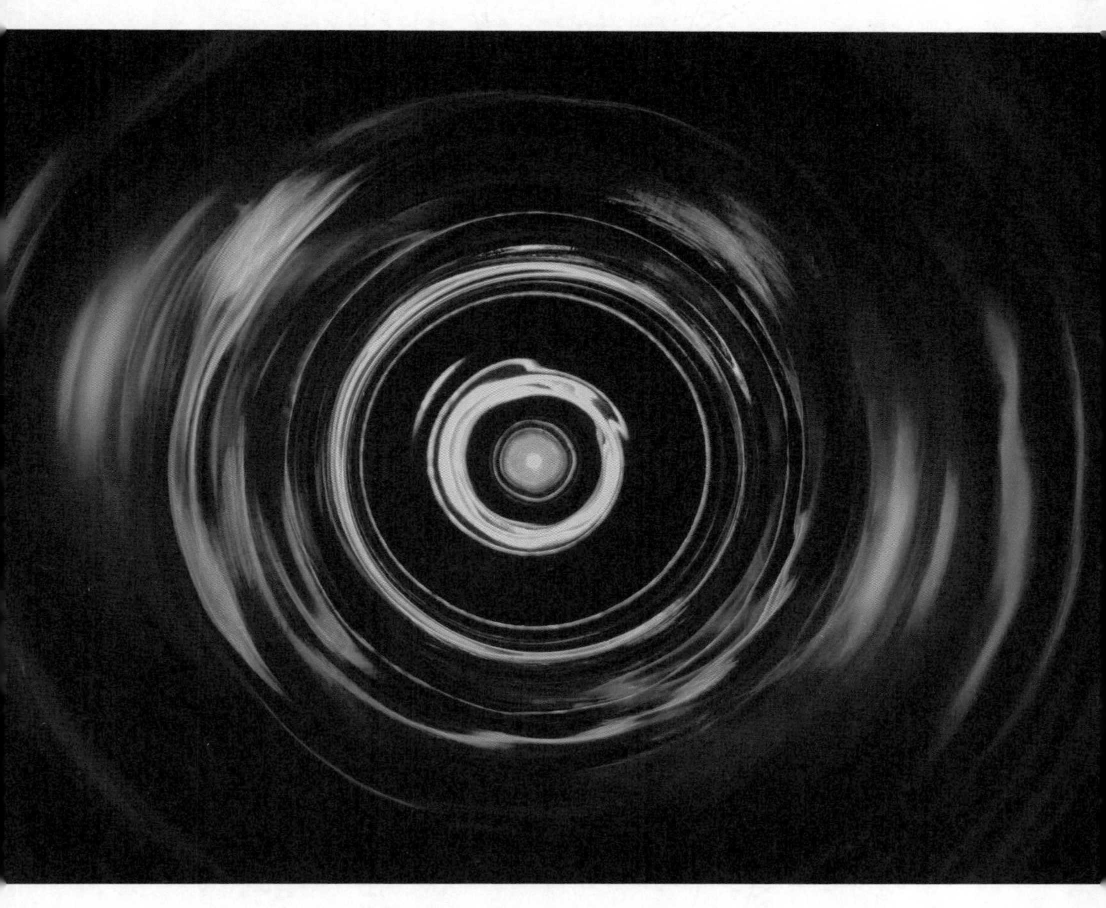

상상도 할 수 없는 작은 크기의 세계에서는 이들의 위치를 정확하게 아는 일은 불가능해 그저 확률로밖에는 알 수 없다는 생각이다. 이름하여 불확정성의 원리라고 불리는 법칙의 중심 주장이며 이는 현대 양자 역학의 핵심 원리이다

는 입자를 관측하는 순간 이 입자의 운동으로 인해 관측값이 부정확해진다는 것이고, 단지 확률로서만이 그 값을 이야기할 수 있다는 말이었다.

신은 주사위 놀이를 하지 않는다

운동하는 입자의 위치를, 혹은 존재가 확인되는 입자의 운동량을 확률로서만 이야기할 수 있다는 이야기는 '불확정성의 원리'라는 아주 철학적인 언어로 포장되어 발표되었다. 하지만, 이 원리가 가지는 의미가 모든 사람들에게 이해될 수 있는 것은 아니었다. 세기의 천재 아인슈타인에게도 마찬가지였다. 비록 그가 광양자니, 상대성 이론이니 하는 양자 역학의 문을 여는 위대한 개척자로 알려졌지만, 그는 모호한 확률로 있다고 하는, 그리고 그런 확률로 존재하는 혼란스러운 세계를 받아들일 수 없었다. 그는 이 불확정성의 원리와 관련한 수학적 모순, 문제점들을 양자 역학, 현대 물리학의 아버지라 일컬어지는 보어와 여러 날에 걸쳐 토론했다. 보어는 아인슈타인이 제기한 문제점을 해결하기 위해 노력한 결과, 그로 인해서 양자 역학이 가지는 수학적 문제들을 매우 빠른 시간 안에 해결할 수 있다고 기뻐했다.

신이 주사위 놀이를 하는 세계는 우리가 일상적으로 경험하는 자연이 아니다. 그 자연을 이루는 아주 작은 세상의 이야기이다.

이 세계를 들여다봄으로써 인류는 이전과는 전혀 다른 세상을 들여다볼 수 있었고, 자연에 대한 이해의 지평을 더 넓힐 수 있었다. 우주를 포함한 자연이 어떻게 탄생되었는지의 문제에 관한 하나의 대답뿐만 아니라 가장 커다란 에너지를 만들어 내는 방법은 무엇인지와 더불어 가장 효과적으로 인류를 멸망하게 하는 방법까지도 터득하게 된 것이다. 자연 현상의 원인과 결과를 명확하게 설명하는 뉴턴의 자연과는 다른 자연으로 향하는 문을 인류가 열어젖히자 미지의 세계로 끊임없이 탐험하는 일이 가능해졌다. 인류는 이를 통해 만물을 이루는 아주 작은 입자들의 세계와 더불어 우주 탄생의 신비를 푸는 과제에 도전하게 되었다.

풍요로운 인공의 시대를 맞다

풍요로운 세상을 맞이하다

현대 풍요로움의 이야기는 합성 섬유를 통칭하는 나일론을 중심으로 하려 한다. 옷에서부터 칫솔, 모기장, 그리고 심지어 전깃줄까지 생활에서 나일론을 찾기 어렵지 않고 아침에서 일어나서 밤 잠자리에 들 때까지 우리는 단 한 순간도 나일론과 떨어지지 않는다. 아니라고? 베갯닛이 순면이 아니고, 베갯속이 메밀, 복숭아씨, 혹은 삼나무로 사용하지 않는다면 나일론으로 이루어진 세상에서 일어나고 잠든다는 것은 그렇게 틀린 이야기는 아니다.

나일론은 옛날부터 있었던 섬유가 아니다. 사람이 만든 것인데 어느 직물이든 사람이 이런저런 식물성 혹은 동물성인 원료로 만들었지만, 나일론은 태생이 달랐다. 나일론은 쌩뚱맞게 무기질인 공기와 석탄, 그리고 물로 만들었다. 나일론을 만든 이유는? 손쉽게 섬유를 만들기 위해서였다.

비단을 만들다

적어도 1930년대 이전까지 옷들은 모두 천연 제품이었다. 이집트와 인도, 미국의 남부 지방 등등에서 노예와 노예 수준의 값싼 노동력으로 재배하고 거둬들이는 목화가 있었고, 양들에게서 뽑아내는 모직이 있었지만, 여전히 비쌌다. 그 가운데 가장 비싼 섬유는 비단이었다. 비단, 혹은 실크라 불리는 옷은 아름다운 광택과 질감으로 많은 사람들을 매혹시켰다. 이 비단은 한때 중국에서만 생산되어 이슬람 문화권과 유럽으로 수출되었다. 비단을 싣고 가기 위해 개척한 길에 '실크로드'라는 이름이 붙여질 정도였다.

비단은 많은 시간이 필요하고 쉽지 않은 공정에 일일이 사람손이 요구되는 생산 과정을 거쳐야 만들어졌다. 비단은 누에나

다양한 색상의 비단

방의 고치에서 만들어진다, 누에나방이 5일간에 걸쳐 약 200개의 알을 낳고 죽는데 이 200개의 알에서 깨어난 누에벌레는 7.2kg의 뽕잎을 먹고 자라나 나방이 되기 위해 고작 20그램의 실을 감고 고치가 된다. 누에벌레는 고치를 만들기 위해 며칠 동안 계속 가느다란 한 가닥의 실을 턱에서 계속 자아내고 스스로는 번데기가 되어 나방으로의 도약을 꿈꾼다. 이 순간 사람들은 이 고치를 물에 넣고 끓여 번데기를 죽이고 실을 풀어 만드는데 이것이 바로 비단실이다. 고치 하나에서 보통 400m에서 3000m의 실이 나온다고 한다.

말이 쉽지 이 과정에는 누에를 씻고 누에가 싫어하는 습기, 향료나 더러운 것들을 없애고, 뽕잎을 가져다 먹이고 치우고 하는 수고로움이 켜켜이 들어간다. 이렇게 힘들게 만들어진 비단은 얇아 가벼웠지만 따뜻했고 부드러웠으며 윤기가 흘러 입는 사람을 아름답고 귀하게 보이게 했다.

이렇게 만들어졌으니 당연히 값은 비쌌고 비단을 생산하는 종주국이었던 중국은 이 누에치는 방법을 국가 비밀로 해 누에나 누에알, 심지어 누에 먹이인 뽕나무를 나라 밖으로 가져가는 사람들을 사형시켰다.(그럼에도 조선에서는 이미 오래전부터 누에를 쳐서 비단을 생산하기는 했다.) 하지만 매우 오랜 기간 중국이 독점했던 비단 산업이 14세기에 이르러서는 깨지기 시작했다. 유럽에서는 이탈리아에서 비단 생산이 가능해졌고 점차 유럽 전체로 확장되어 15세기에는 프랑스에서 16세기 말부터는 영국에서도 비단을 생산했다.

부드럽고 아름다운 섬유를 가지고 싶다

비단의 부드러움과 광택을 좀 더 쉽게 접하려는 인간의 노력이 시작된 것은 19세기에 이르러서였다. 화학이라는 분야가 발전해 물질이 이루어지는 근본 원소와 구성에 대한 이해가 축적되면서 인간이 만들 수 있는 물질들이 많아졌고, 섬유도 가능할 것이라는 생각이 시작되었다. 이런 생각에서 나온 발명품이 레

이온, 비스코스라 불리는 인공 재생 섬유들이었다. 부드럽고 광택도 있고 뜨거움에 강하기도 했지만 결정적으로 물에 약했다.

자연의 물질을 토대로 하지 않은 인공 섬유에 대한 생각도 시작되었다. 이미 인간은 상아가 아닌 플라스틱으로 만든 당구공을 이용하기 시작하면서 사람들은 새로운 물질들을 찾기 위한 모험을 시작했다. 이 탐험에서 성공을 거둔 최초의 화학자가 나타났다. 캐러더스(Wallace Hume Carothers, 1896년~1937년)였다. 그는 미국 하버드 대학에서 연구하는 화학자였고, 듀폰사의 거듭된 요청으로 듀폰 유기화학연구소의 책임자로 부임했다. 이 연구소는 이윤을 추구하는 기업으로서는 드물게 화학 관련 기초 연구를 추진했고 캐러더스 역시 그 차원에서 초빙되었다.

캐러더스는 이 연구소에서 고분자 중합체, 즉 분자크기가 크지만 서로 연결되는 물질을 합성하는 새로운 분야에 몰두했다. 그리고 연구원들과 함께 3-16 폴리머라 불리는 '실처럼 가늘고 길게 뽑히며 비단처럼 윤기가 흐르고 말려도 굳거나 부서지지 않는' 플라스틱 섬유를 발견하기에 이르렀다. 하지만 열에 아주 약했고 4년의 시간을 연구에 몰두해 마침내 '강철처럼 강하고 비단처럼 가벼운' 섬유를 만들었다. 1935년 인류는 최초로 인공 섬유를 가지게 된 것이다.

비단의 민주화를 이룩하다

나일론으로 처음 만든 것은 옷이 아니었다. 칫솔이었다. 섬유로 소개된 것은 스타킹으로 1939년 처음 판매되었을 때에는 비단보다 싸지 않았다. 그럼에도 6400만 족이나 팔려 나일론은 여성 스타킹과 같은 말이 될 정도로 인기를 끌었다.

하지만 이런 성공은 생활에서 나일론의 활용으로 보면 매우 작은 부분에 불과했다. 생활에서뿐만 아니었다. 낚시줄, 그물 같이 줄을 사용하는 거의 대부분의 도구들의 개혁을 이끌었다. 전쟁 중에는 낙하산줄로도, 총알을 막는 방탄복의 소재로도 활용되었다. '섬유'의 근본적 속성을 바꾸었을 뿐만 아니라 인류의의 생활을 포함한 세계 자체를 바꾸었다.

하지만 나일론이 비단을 완전히 대체하지는 못했다. 따뜻함이 부족했다. 공기를 품는 정도에 따라 섬유의 따뜻함이 정해지는데 나일론은 공기를 품지 못했고 차가웠다. 이런 부족함과 단점은 지속적으로 개선되었으며 현재 습기를 내보내고 공기를 품는 기능성 소재들이 지속적으로 개발되고 있다.

현대 사회는 이 나일론을 포함한 각종 인공 물질을 기반으로 풍요로움을 누린다. 그럼에도 "이 풍요로움의 끝은 무엇인가?"를 생각하지 않을 수 없는 각종 사건들이 하루에도 몇 번이나 뉴스를 장식한다.

수고롭게 만들어야 했던 비단의 시대가 지나고, 우리는 이제 인공으로 만든 나일론을 당연하게 여기는 시대에 살고 있다. 이런 인공의 편리함에 젖어 들고, 편안함에 빠져든다. 이 편리함과 편안함에 끌려 무엇인가를 놓치고 있는 것은 아닌지, 고민을 해 봐야 할 때이다.

인류는 이 풍요로움을 지속할 수 있을까? 이 풍요로움이 인류의 미래를 담보로 하는 행위는 아닐까? 이제 '풍요로움'이라는 단어로 포장되는 많은 낭비를 고민해야 하는 단계가 아닐까? 지속가능한 사회를 위한 고민이 필요하며, 이 고민은 과학기술에 의해서보다는 좀 더 근본적인 차원에서 수행되어야 하는 것은 아닌가? 이런 고민과 더불어 좀더 미래를 숙고해야 하는 시대로 접어들었다고 할 수 있다.

사진 자료 제공

14쪽 © Bellezza87/pixabay

24쪽 © Eggmoon/Wikimedia Commons

32쪽 © CHRISVANSASSENBROEC/Wikimedia Commons

39쪽 © Marco Verch/flickr

45쪽 © Tranmautritam/pixabay

51쪽 © Wellcome Collection

62쪽 © Image Editor/flickr

75쪽 © Michael Dunn/Wikimedia Commons

78쪽 © Wellcome Collection

93쪽 © Loodog/Wikimedia Commons

121쪽 © Sandbh/Wikimedia Commons

124쪽 © 0123456789/pixabay

137쪽 © Geun Choi/Wikimedia Commons

148쪽 © Wellcome Collection

160쪽 © Ryan Somma/flickr

162쪽 © Rajitha Ranasinghe/flickr

167쪽 © adolfo-atm/pixabay

173쪽 © Wellcome Collection

184쪽 © Marjorie McCarty/Wikimedia Commons

195쪽 © 422737/pixabay

200쪽 © Yuki Hirano/flickr

204쪽 © Engin Akyurt/Pexels

* 사진 자료를 이용할 수 있도록 허가해 주신 분들께 진심으로 감사드립니다.
저작권이 만료된 사진 혹은 그림인 경우, 따로 저작자를 표시하지 않았습니다.

청소년을 위한 과학사 명장면
김연희 지음

처음 펴낸 날 2019년 8월 1일　다음 펴낸 날 2022년 5월 20일
펴낸이 김덕균　펴낸곳 오픈키드(주)열린어린이
만든이 이지혜 조수연　꾸민이 한승란　관리 권문혁
출판신고 제 2014-000075호
주소 서울시 마포구 월드컵북로5가길 17 3층
전화 02)326-1284　전송 02)325-9941　전자우편 openkid1234@naver.com

ISBN 979-11-5676-109-9 43400
값 13,000원